面向数字化时代高等学校计算机系列教材

U0655853

大数据分析与可视化

人工智能·文科版

张伟娜 编著

清华大学出版社

北京

内 容 简 介

本书以数据分析流程为主线,借助实际案例,引导读者建立数据分析思维,内容涵盖数据分析基本理论、数据分析工具选择、数据获取方法、数据分析及可视化方法。本书案例紧贴业务场景,读者可以学完即用,避免因迷失在众多理论和技术中而难以入手。本书案例探索和分析真实世界中的数据,帮助读者深入理解社会经济、科技发展等方面的问题,以分析结果引导读者积极思考社会责任和价值观问题。本书各章内容相对独立,旨在解决数据分析某一环节的问题,读者可以根据自己的需求选择性地学习。每章内容分为学习目标、案例知识点讲解、本章小结、思考与练习四部分,目标明确、内容完整。

本书适合作为高等学校文科类专业计算机相关课程的教材。

版权所有,侵权必究。举报:010-62782989,beiqinquan@tup.tsinghua.edu.cn。

图书在版编目(CIP)数据

大数据分析与可视化:人工智能:文科版 / 张伟娜编著. -- 北京:清华大学出版社,2025.7.
(面向数字化时代高等学校计算机系列教材). -- ISBN 978-7-302-69768-8

Ⅰ. TP31

中国国家版本馆 CIP 数据核字第 2025JH9123 号

责任编辑:郭 赛
封面设计:刘 键
责任校对:韩天竹
责任印制:沈 露

出版发行:清华大学出版社
　　　　网　　　址:https://www.tup.com.cn,https://www.wqxuetang.com
　　　　地　　　址:北京清华大学学研大厦 A 座　　　　　　邮　　编:100084
　　　　社 总 机:010-83470000　　　　　　　　　　　　　邮　　购:010-62786544
　　　　投稿与读者服务:010-62776969, c-service@tup.tsinghua.edu.cn
　　　　质量反馈:010-62772015, zhiliang@tup.tsinghua.edu.cn
　　　　课件下载:https://www.tup.com.cn,010-83470236
印 装 者:三河市龙大印装有限公司
经　　销:全国新华书店
开　　本:185mm×260mm　　　　　印　　张:13　　　　字　　数:320千字
版　　次:2025 年 8 月第 1 版　　　　　　　　　　　　　　印　　次:2025 年 8 月第 1 次印刷
定　　价:49.80 元

产品编号:106502-01

面向数字化时代高等学校计算机系列教材

编 委 会

主任：

蒋宗礼 教育部高等学校计算机类专业教学指导委员会副主任委员，国家级教学名师，北京工业大学教授

委员（按姓氏拼音排序）：

陈　武	西南大学计算机与信息科学学院
陈永乐	太原理工大学计算机科学与技术学院
崔志华	太原科技大学计算机科学与技术学院
范士喜	北京印刷学院信息工程学院
高文超	中国矿业大学（北京）人工智能学院
黄　岚	吉林大学计算机科学与技术学院
林卫国	中国传媒大学计算机与网络空间安全学院
刘　昶	成都大学计算机学院
饶　泓	南昌大学软件学院
王　洁	山西师范大学数学与计算机科学学院
肖鸣宇	电子科技大学计算机科学与工程学院
严斌宇	四川大学计算机学院
杨　烜	深圳大学计算机与软件学院
杨　燕	西南交通大学计算机与人工智能学院
岳　昆	云南大学信息学院
张桂芸	天津师范大学计算机与信息工程学院
张　锦	长沙理工大学计算机与通信工程学院
张玉玲	鲁东大学信息与电气工程学院
赵喜清	河北北方学院信息科学与工程学院
周益民	成都信息工程大学网络空间安全学院

前　言

　　在数字经济蓬勃发展的浪潮中,数据正成为继劳动力、土地、资本、技术之后的第五大生产要素。数据通过决策分析与优化,直接产生或通过作用于其他生产要素,间接地产生社会和经济价值。有效利用数据资源,将成为现代个人和社会发展不可或缺的关键能力。

　　对于文科生而言,他们往往更专注于人文社会科学领域,相对缺乏技术背景和数据处理能力,面对大量数据,往往感到无从下手或难以进行有效的分析。本书旨在帮助文科生克服对数据分析的畏难情绪,以浅显易懂的方式引导读者掌握数据分析的知识和技能。

　　本书首先从数据分析的意义出发,帮助读者认识数据分析的重要性。然后通过数据分析的底层认知、数据收集、数据分析、分析结果展现等内容深入浅出地介绍数据分析的各个环节。书中案例紧密结合文科生在日常研究和工作中的实际需求,采用场景化教学的方法,详细阐述数据分析的流程和相关技术。

　　本书主要内容如下:

　　第 1 章　介绍数据分析的意义和基本流程,以及常用的数据分析工具。

　　第 2 章　介绍 Python 环境的搭建、利用 AI 工具辅助生成代码。

　　第 3～6 章介绍如何用 Python 语言实现问题求解逻辑,主要讲授 Python 程序设计的基本内容,包括基本语法、运算符、表达式、程序控制结构、函数与模块等。

　　第 7 章　介绍常用的数据采集工具、爬虫原理以及基本爬虫程序。

　　第 8 章　介绍自然语言处理的基本技术,分词、关键词提取、主题分析等。

　　第 9 章　介绍利用 pandas 进行数据读写、处理、排序、统计分析等方法,以及基本统计分析、分类汇总、数据透视表等。

　　第 10 章　介绍利用 matplotlib 实现静态可视化,以及利用 pyecharts 实现动态可视化的方法。

编　者

2025 年 5 月

目 录

第1章 我们可以用数据做什么

学习目标

(1) 了解数据分析的意义
(2) 掌握数据分析的基本流程
(3) 了解常用的数据分析工具

1.1 数据分析的意义

数据作为数字时代的新型生产要素，是数字化、网络化、智能化的基础，已快速融入生产、分配、流通、消费和社会服务管理等各环节，深刻改变着生产方式、生活方式和社会治理方式。如何从浩瀚的数据海洋中提炼出有价值的信息，洞察潜在问题，捕捉新的机遇，已成为各行各业人士共同关注的焦点。数据分析已不再是专业人士的专属技能，而是跨越职业界限，成为现代社会中每个人都应具备的重要能力。

传统的文科研究方法主要依赖于定性分析，如文本分析、历史研究和社会调查等。然而，这些方法往往受限于样本量小、主观性强等不足。数据分析技术的引入为文科研究带来了新的视角和方法。例如，广告从业者可以通过分析用户的历史行为、兴趣和偏好等实现精准广告投放，提高广告的点击率和转化率；新闻传播人员可以通过对大规模数据的收集、整理、分析揭示信息传播、舆论影响、媒体内容等方面的规律，为传播策略制定、舆情监测、新闻报道等提供数据支持和决策参考；社会学研究者可以利用数据分析工具处理大规模的社会调查数据，得出更具代表性和普遍性的结论；历史学研究者可以通过数据挖掘技术，从海量的历史文献中发掘宝贵的信息，揭示历史事件背后的深层规律。总之，数据分析不仅能够帮助文科生更全面地理解世界和社会现象，还能显著提升他们在文科领域内对各种问题的研究和分析能力。

1.2 数据分析的基本流程

数据分析一般包括下列环节，如图1-1所示。

1) 明确目标

数据分析的第一步是明确分析目标。分析目标决定了要采集的数据以及要采用的分析方法，例如：在进行电影票房分析时，如需分析观众画像，则需要收集目标观众的年龄、性

```
┌────────┐   ┌────────┐   ┌────────┐   ┌────────┐   ┌────────┐   ┌────────┐
│ 明确目标 │ → │ 获取数据 │ → │ 数据处理 │ → │ 数据分析 │ → │ 结果展现 │ → │ 分析应用 │
└────────┘   └────────┘   └────────┘   └────────┘   └────────┘   └────────┘
```

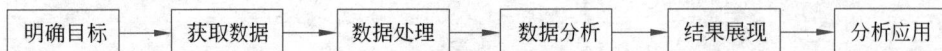

图 1-1　数据分析基本流程

别、兴趣爱好、消费能力等信息，如需分析营销策略对电影票房的影响，则需要收集电影的宣传手段、推广渠道、票房数据等。

2）获取数据

根据分析目标，获取所需数据。数据来源一般包括客户提供、公开数据源、网络爬取、自行采集等。

为客户解决特定问题时，客户通常会提供数据，如果是为某电影院分析如何排片更合理，则可由该电影院提供其历史票房数据、影片特征数据等。

目前，网上也有很多不同领域的公开数据源，例如：国家统计局国家数据（https://data.stats.gov.cn/）提供了中国各类统计数据，包括人口、经济、社会、环境等；世界银行（https://data.worldbank.org/）提供了全球经济、金融、社会等各类数据。还有一些机器学习和数据科学竞赛平台提供了各类公开数据，例如：Kaggle（https://www.kaggle.com/datasets）、阿里云天池（https://tianchi.aliyun.com/dataset）和鲸社区（https://www.heywhale.com/home/dataset）等。

还可以根据分析目的，利用爬虫工具或爬虫程序获取网络上的数据，或者通过发放问卷或其他方式采集所需数据。

3）数据处理

收集到的原始数据集中常有重复数据、缺失数据、异常数据等噪声数据，不同特征的数据量纲差异有时会非常大。为了确保分析结果，减少噪声数据的影响，在进行数据分析前，要对原始数据进行处理，数据处理主要包括数据清洗、数据加工两方面的工作（图 1-2）。

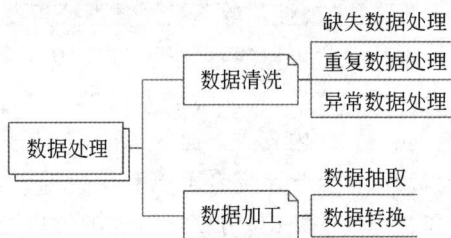

```
                                      ┌──────────────┐
                              ┌──────→│  缺失数据处理  │
                      ┌────────┐     ├──────────────┤
                  ┌──→│ 数据清洗 │────→│  重复数据处理  │
                  │   └────────┘     ├──────────────┤
        ┌────────┐│                  │  异常数据处理  │
        │ 数据处理 ││                  └──────────────┘
        └────────┘│                  ┌──────────────┐
                  │   ┌────────┐     │   数据抽取    │
                  └──→│ 数据加工 │────→├──────────────┤
                      └────────┘     │   数据转换    │
                                      └──────────────┘
```

图 1-2　数据处理内容

数据清洗主要包括对缺失值、重复值、异常值的处理。

（1）缺失值处理：对于包含缺失值的记录，可以删除或者对缺失值进行填充，填充值可以根据实际情况选择某一固定值、该特征的均值、众数等。

（2）重复值处理：对于重复值，一般做删除处理。

（3）异常值处理：一般情况下，异常值可以做删除处理，但有时分析的问题正好是寻找异常值，此时异常值就是我们要分析的对象。例如要分析影响某种疾病的基因，则异常基因正好是我们要研究的对象。

数据加工包括数据探索后抽取待分析数据、数据类型转换、数据标准化等。

4）数据分析

数据分析指分析数据的分布、相关性、趋势等特点和规律。例如：在电影票房分析中，分析不同类型电影的票房变化情况等，或者根据分析目标选择合适的算法或模型进行分析或预测。

5）结果展现

将分析结果以更加直观的方式呈现，可以帮助客户理解数据所传达的信息。

6）分析应用

基于分析结果，可以为相关决策提供支持。例如：根据票房数据分析结果调整营销策略、优化影片排片计划等。同时，可以根据实际效果不断优化模型和分析方法。

‖ 1.3　常用的数据分析工具

常用的数据分析工具有 Microsoft Excel、Statistical Analysis System（SAS）、Statistical Package for the Social Sciences（SPSS）、Tableau、R 语言、Python 语言等。

Microsoft Excel 易于上手，适用于小规模的数据分析任务。Excel 无法实现从互联网上获取数据，无法对数据进行分类、聚类、预测等分析，大数据分析能力受限。Excel 2003 以前的版本能处理的最大行数为 65 536 行，最大列数为 256 列。Excel 2007 以后的版本可处理的最大行数为 1 048 576 行，最大列数为 16 384 列。Excel 适用于办公级别的数据处理，对于非常大的数据集，利用 Excel 处理会相对较慢或无法处理。

SPSS 在社会科学、市场研究、医学研究等领域有着广泛的应用，它拥有直观的图形用户界面，易于上手和使用，适合不具备编程技能的用户进行数据分析。SPSS 最初是为社会科学领域设计的软件，在其他领域的应用和适用性相对受限，而且存在较高的商业许可费用。

SAS 是一款较为全面的商业数据分析工具，它提供完整的数据分析解决方案，包括数据处理、统计分析、建模以及报表生成等功能，但存在学习曲线陡峭、商业许可费用高、定制化需求和灵活性方面相对受限等缺点，不太适合个人用户或小型机构。

Tableau、Power BI 等工具侧重数据可视化，大数据分析能力较为有限。

R 语言是开源的统计分析和可视化软件，但缺乏良好的并行处理支持，且深度学习方面的库没有 Python 丰富。

Python 是一种广泛应用于数据分析和科学计算的编程语言。利用 Python 可以获取在线数据、分析大规模数据、可视化分析结果，并且 Python 拥有非常丰富的第三方库，还可以轻松调用大语言模型进行数据分析。因此，本书以 Python 为工具进行数据分析。

‖本章小结

通过本章的学习，读者应了解学习数据分析的意义、数据分析的流程以及常用数据分析工具的特点。

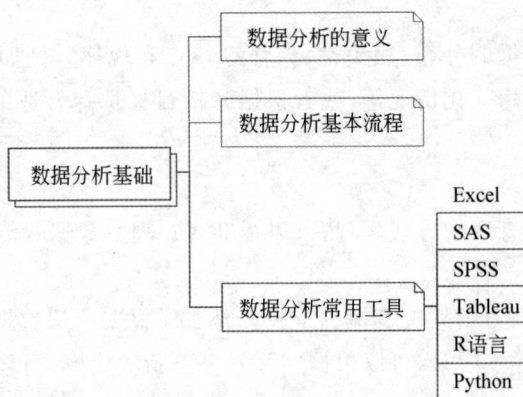

```
                          ┌──────────────────┐
                     ┌────┤   数据分析的意义   │
                     │    └──────────────────┘
                     │    ┌──────────────────┐
                     ├────┤  数据分析基本流程  │
┌────────────┐       │    └──────────────────┘
│  数据分析基础 ├───────┤                        ┌─────────┐
└────────────┘       │                        │  Excel  │
                     │                        ├─────────┤
                     │                        │   SAS   │
                     │                        ├─────────┤
                     │    ┌──────────────────┐│  SPSS   │
                     └────┤  数据分析常用工具  ├┤ Tableau │
                          └──────────────────┘├─────────┤
                                              │  R语言   │
                                              ├─────────┤
                                              │ Python  │
                                              └─────────┘
```

▌思考与练习

选择一个自己感兴趣的问题，确定分析目标并尝试收集数据。

第 2 章　工欲善其事,必先利其器

学习目标

(1) 了解程序设计语言
(2) 学会搭建 Python 工作环境
(3) 了解 Python 程序的编写和运行
(4) 了解 AI 辅助编码方法

2.1　程序设计语言

2.1.1　程序设计语言发展史

程序设计语言也称为编程语言,是一种用于定义计算机程序的指令、结构和规则的形式语言。编程语言的发展总体上是从以硬件为中心到以人为中心,即越来越接近自然语言。程序设计语言经历了机器语言、汇编语言到高级语言的发展历程。

世界上第一台通用电子计算机名为 ENIAC,程序员通过手动设置开关和电缆连接来编写程序。后来,计算机通过打孔纸带进行数据的输入、输出,打孔纸带的有、无孔分别表示 1和 0,这种只使用 0 和 1 作为指令的语言称为机器语言,机器语言是计算机硬件可以直接识别的二进制语言。不同的计算机体系结构使用的机器语言不同,假设计算机的指令集如下:

- 0000——加载立即数到寄存器 R0;
- 0001——加载立即数到寄存器 R1;
- 0010——将寄存器 R0 的值与寄存器 R1 的值相加,并将结果存储在 R0 中;
- 0011——如果寄存器 R0 的值大于 0,则跳转到指定地址;
- 0100——终止程序。

假设有一种 8 位的机器语言,其操作码占据前 4 位,操作数占据后 4 位,用机器语言实现 1+2 的计算过程如下:

```
0000  0001    #把 1 放入寄存器 R0
0001  0010    #把 2 放入寄存器 R1
0010  0000    #将 R1+R0 的结果存入 R0
0100  0000    #终止程序
```

机器语言指令复杂,程序编写、维护难度大。不同的计算机体系结构有不同的机器语言,这意味着为一种计算机编写的机器语言程序难以在另一种计算机上直接运行,程序移植性差。

随着计算机硬件的发展，为了提高编程效率和可读性，出现了以助记符代替二进制指令的编程语言，即汇编语言。不同的计算机体系结构有不同的汇编语言指令集，例如 x86、ARM、MIPS 等架构都有各自的汇编语言。x86 汇编语言实现 1+2 的计算过程如下：

```
mov ax, 1    ;把立即数 1 传送到 ax 寄存器
add ax, 2    ;将 ax 寄存器中的值(当前是 1)和立即数 2 相加,并把结果(也就是 3)存入 ax 寄
             ;存器中
```

机器语言与汇编语言都与计算机硬件相关，因此也称这两种语言为低级语言。

为了让编程变得更加简单、高效，并且更易于理解和维护，便有了更接近自然语言的程序设计语言——高级程序设计语言。Python、Java、C++、C、C♯、JavaScript、PHP 等都是高级语言。高级语言可以方便地将实际问题用计算机表达和求解，例如用 Python 实现 1+2 的过程如下：

```
a=1
b=2
c=a+b
```

2.1.2 "翻译"高级程序设计语言

用高级语言编写的程序称为源程序，计算机可以直接执行的只有二进制代码，源程序经过"翻译"才能被执行。编写源程序需要编辑工具，"翻译"源程序需要翻译工具，例如翻译 Python 程序需要安装 Python 解释器。现在编写程序的软件通常集成了代码编辑、编译、调试、测试、版本控制等多种功能，我们称之为程序设计集成开发环境（Integrated Development Environment，IDE），常用的 Python IDE 有 Visual Studio Code（VS Code）、PyCharm、Jupyter Notebook 等。这些 Python IDE 本身不带有程序"翻译"工具，在使用时需要通过配置引入"翻译"工具。

源程序的"翻译"过程有编译和解释两种形式。编译是将源代码一次性转换成目标代码的过程，执行编译的计算机程序称为编译器（Compiler），如图 2-1 所示。C、Java 等编程语言是编译型语言。

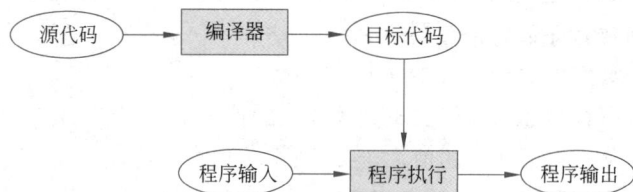

图 2-1　高级语言编译过程

解释是将源代码逐行转换为机器代码并立即执行的过程。执行解释的计算机程序称为解释器（Interpreter），如图 2-2 所示。JavaScript、PHP 等编程语言是解释型语言。

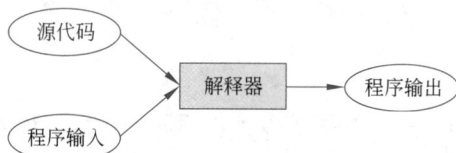

图 2-2　高级语言解释过程

编译与解释的区别在于编译是一次性转换，一旦源程序被编译，程序运行就不再需要编译程序或源程序，直接运行目标程序即可。解释程序则是在每次程序运行时都需要源程序和解释程序。编译过程类似于笔译，解释过程类似于同声传译。

Python 语言是一种高级动态解释型语言，虽然采用解释执行方式，但它的解释器也保留了编译器的部分功能，随着程序的运行，解释器也会生成一个完整的目标代码。这种将解释器和编译器结合的新解释器是现代编程语言为了提升计算性能的一种有益演进。

‖ 2.2　Python 简介

Python 是一种跨平台、开源、免费的高级动态解释型程序设计语言。Python 语言的发展历史可以追溯到 1989 年，Guido　van　Rossum 在阿姆斯特丹为了打发圣诞节的无趣时光，决定开发一个新的脚本解释程序，作为 ABC 语言的一种继承。Python 这一名称来源于 Guido 喜欢的英国广播公司(BBC)的电视节目 *Monty Python's Flying Circus*。Python 自诞生到今天，经历了 Python 1.x、Python 2.x、Python 3.x 版本，截至本书定稿时最新版本是 Python 3.14。Python 2.x 的最后一个版本 Python 2.7 在 2020 年已停止官方支持，Python 3.x 版本与 Python 2.x 不兼容。

Python 支持多种编程范式，包括面向对象、命令式、函数式和过程式编程。Python 拥有庞大且广泛的标准库和第三方库，使得 Python 能够应用于各种不同的领域。

- **Web 开发**：Python 提供了诸如 Django、Flask 等优秀的 Web 框架，可以帮助开发者快速构建网站和 Web 应用。
- **数据科学与机器学习**：Python 在数据科学和机器学习领域占据主导地位。NumPy、pandas 用于数据处理和分析，Matplotlib 用于数据可视化，Scikit-learn、TensorFlow 和 PyTorch 等库则提供强大的机器学习和深度学习功能。
- **自动化与脚本编写**：Python 适合编写自动化脚本，如自动化测试、批处理文件、网络爬虫等。
- **游戏开发**：通过 Pygame 等库，Python 可以用于开发 2D 和 3D 游戏。
- **桌面应用开发**：虽然 Python 不是桌面应用开发的首选，但可以利用 Tkinter、PyQt 等库开发小型桌面应用。
- **网络编程**：Python 提供了强大的网络编程库，如 socket 和 requests，以便开发者进行网络应用的开发。

Python 语言之所以流行，与其自身特点分不开。

- **易于学习和使用**：Python 语法简洁明了，易于上手，非常适合初学者。
- **跨平台兼容性**：Python 可以在多种操作系统上运行，包括 Windows、macOS、Linux 等。
- **丰富的库和框架**：Python 拥有大量的标准库和第三方库，覆盖各种应用领域，提高了开发效率。
- **强大的社区支持**：Python 拥有一个非常活跃的社区，为开发者提供了丰富的资源和支持。
- **可扩展性**：Python 也被称为"胶水语言"，它可以很容易地与其他语言编写的程序和库集成，包括 C、C++、Java、Perl 等。

- 支持多种编程范式：Python 支持面向对象、过程式和函数式编程，使得开发者可以根据需求选择合适的编程方式。
- 免费和开源：Python 是一种开源语言，可以免费使用和修改，促进了技术的共享和传播。

总之，Python 是一种功能强大、易于上手、应用广泛的编程语言，特别适合数据分析、机器学习、Web 开发等领域。

‖ 2.3　搭建 Python 环境

前面我们了解到用 Python 编写、运行程序需要编辑工具和解释器。Python IDE 为开发者提供了编写、测试和调试代码所需的工具和功能，常用的 IDE 工具有 Python IDLE、PyCharm、Visual Studio Code（VS Code）、Jupyter Notebook、Spyder 等。这些 IDE 工具有的包含 Python 解释器，可以直接进行 Python 程序开发；有的不包含。对于不包含 Python 解释器的 IDE 工具，需要先安装 Python 解释器，在 IDE 中配置解释器，然后进行 Python 程序开发。常用的 Python 开发环境有以下 3 个方案。

- 方案 1：Python IDLE。

Python IDLE 是 Python 自带的一个简单 IDE，安装 Python 解释器后会自动安装。其功能有限，界面简单直观，适合初学者。

- 方案 2：VS Code、PyCharm、Jupyter notebook 等 IDE＋ Python 解释器。

VS Code、PyCharm 等 IDE 功能强大，可以提供代码自动补全、程序调试、版本控制等功能，但这些 IDE 本身不包含 Python 解释器，在进行 Python 程序开发前，需安装 Python 解释器，然后在 IDE 中配置解释器。此类 IDE 工具各有特点，可以根据自己的需求和使用习惯选择安装。本书后面将介绍常用的 PyCharm 及 VS Code 环境的搭建。

- 方案 3：Anaconda 集成开发环境。

Anaconda 是一个开源的 Python 和 R 语言的发行版，它旨在简化包管理和部署。Anaconda 包含大量的科学计算包和工具，如 NumPy、SciPy、pandas、Matplotlib 等，极大地方便了数据科学、机器学习和大数据处理的任务。Anaconda 集成了 Python 解释器、Jupyter Notebook、Spyder 等常用工具，开箱即用。

Anaconda 预装了许多库和工具，好处是使用方便，不用一一安装和配置。不足之处是安装包占用的磁盘空间较多。而且由于 Anaconda 的库和工具数量较多，库的版本更新不一定及时，因此会导致某些库和工具的版本较旧，无法满足某些项目的需求或有不同版本的库的依赖冲突。

‖ 2.4　安装 Python 解释器

以 Windows 10 环境为例，安装过程如下。

2.4.1　下载 Python 安装文件

在 Python 官方网站可以方便地下载 Python 安装包，具体下载步骤如下。

（1）打开浏览器，输入 Python 官网地址 https://www.python.org/，进入官方网站，其首页如图 2-3 所示。

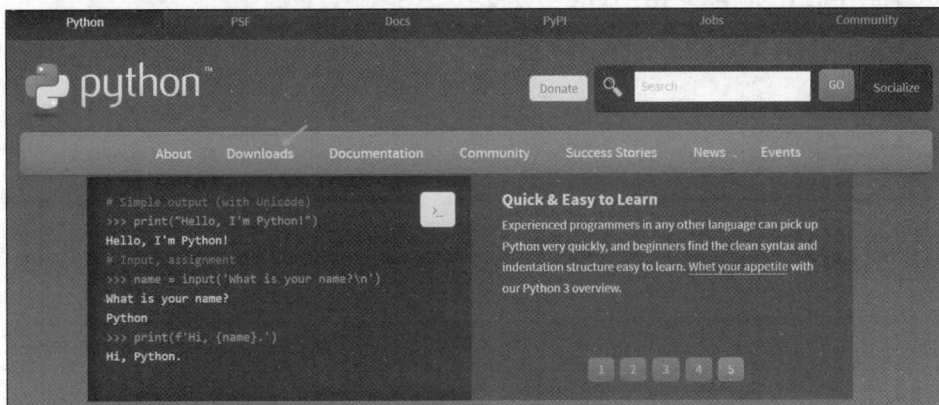

图 2-3　Python 官方网站首页

（2）将鼠标移动到 Downloads 上，如图 2-4 所示。左侧列出了可以选择的下载项，右侧列出了支持本机操作系统的最新 Python 版本。

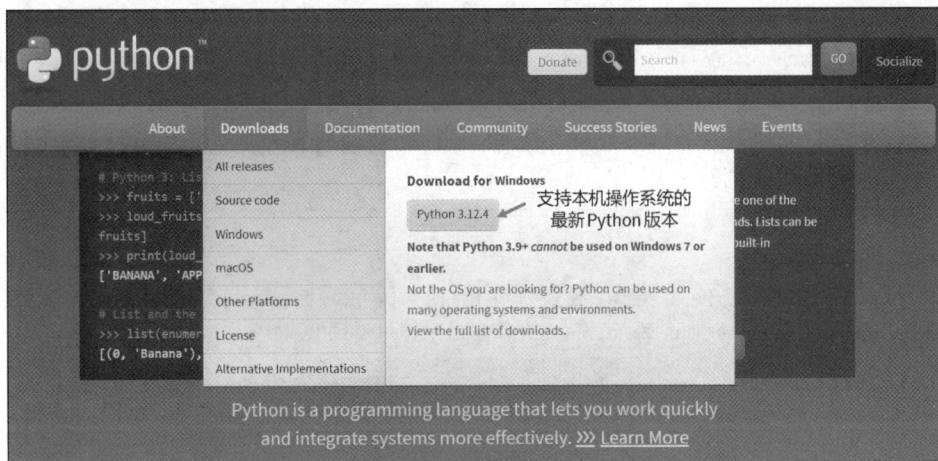

图 2-4　Downloads 选项

（3）如需其他版本的 Python 安装包，可以单击相应的操作系统，进入历史版本页面，如单击 Windows 按钮打开图 2-5 所示的页面，在列出的内容中即可选择自己需要的版本进行安装。

❶ 表示 Python 版本为 3.12.4。

网站提供两种 Python 安装包选项 Windows installer 和 Windows embeddable package。64-bit、32-bit、ARM64 指不同的操作系统和硬件架构。用户可以检查自己计算机的硬件配置和操作系统类型，选择合适的 Python 包进行安装。

❷ Windows installer 通过图形界面引导用户一步步完成 Python 的安装。在安装过程中，可以自定义 Python 的安装路径、选择要安装的功能（如 Python 解释器、IDLE 集成开发环境等）以及设置环境变量。Windows Installer 适用于大多数用户，尤其是那些不熟悉命令行操作的用户。

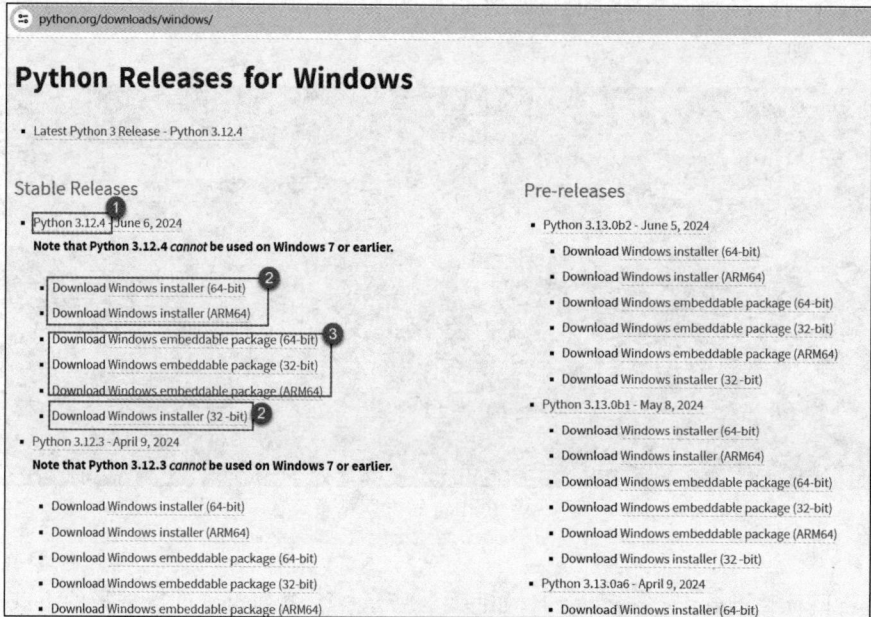

图 2-5　Python 安装包选择

❸ Windows embeddable package 是一个轻量级的安装包，专为开发者设计，用于将 Python 嵌入自己的应用程序。Windows embeddable package 包含 Python 的核心功能，省略了一些额外的工具和库，其目的是让开发者可以轻松地将 Python 集成到他们的应用程序中，不需要安装完整的 Python 环境。它是一个便携式的发行版，无须安装，解压后即可使用，适合定制化和便携式应用。

拓展：
查看计算机系统及硬件结构。
以 Windows 10 系统为例，在桌面上找到"此电脑"图标，右击该图标，在弹出的菜单中选择"属性"选项，如图 2-6 所示，将弹出"系统"窗口，在该窗口中即可看到"系统类型"，如图 2-7 所示。

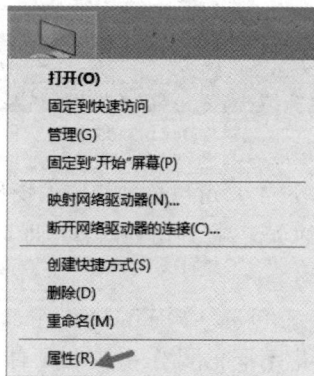

图 2-6　"此电脑"右键菜单

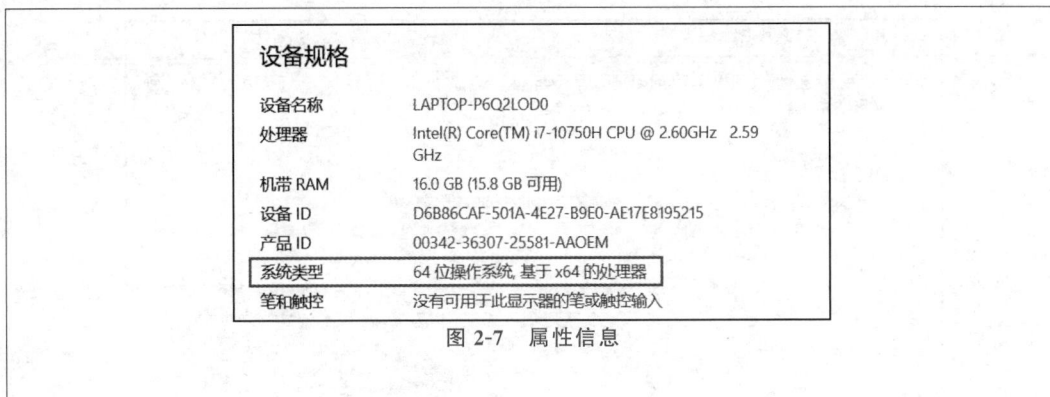

图 2-7　属性信息

（4）单击 Windows installer（64-bit）按钮，下载完成后会看到 python-3.12.4-amd64.exe 文件。

> 说明：
> 安装 Python 时，不一定要安装最新版本，Python 版本过新，有的第三方库由于没有及时更新，在最新版本的 Python 上不一定能运行。

2.4.2　安装 Python

下面以在 Windows 64 位操作系统安装 Python 3.12.4 为例说明 Python 安装过程。

（1）双击下载好的安装包文件 python-3.12.4-amd64.exe 将显示安装向导对话框，如图 2-8 所示。在安装时建议勾选 Add python.exe to PATH 复选框，否则在后面的使用中会出现"XXX 不是内容或外部命令"的错误。

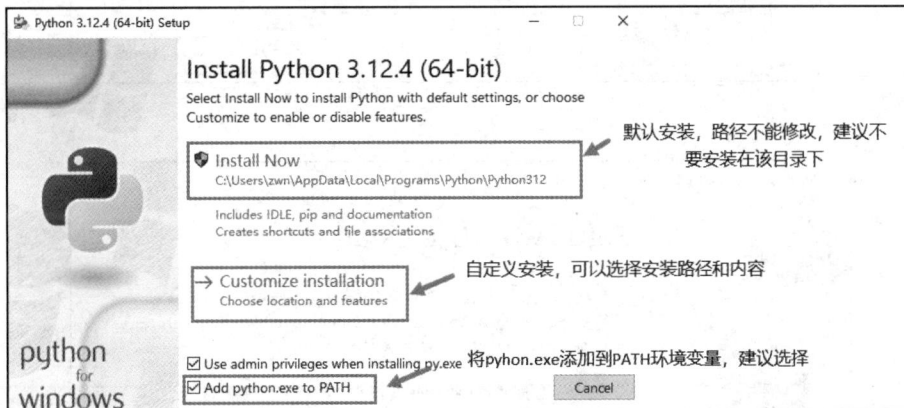

图 2-8　安装方式选择

（2）以自定义安装为例，选择 Customize installation 选项打开安装选项对话框，如图 2-9 所示。

（3）单点 Next 按钮，打开 Advanced Options 对话框，如图 2-10 所示。在该对话框中修改安装路径，然后单击 Install 按钮开始安装 Python。

（4）安装完成后，出现图 2-11 所示界面。单击 Close 按钮关闭安装界面。

上述安装过程完成后，将在系统中安装一批与 Python 开发和运行相关的程序，包括

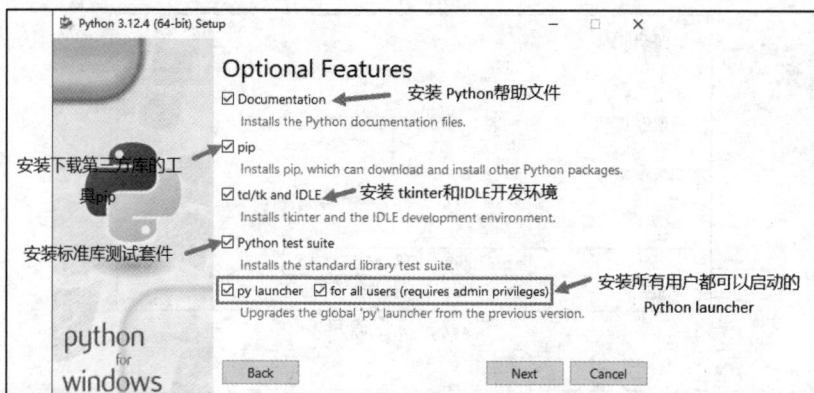

图 2-9　安装选项

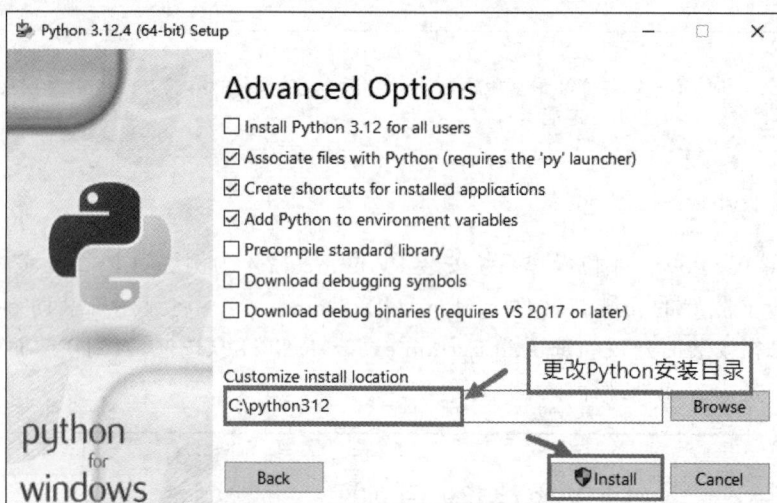

图 2-10　安装目录选择

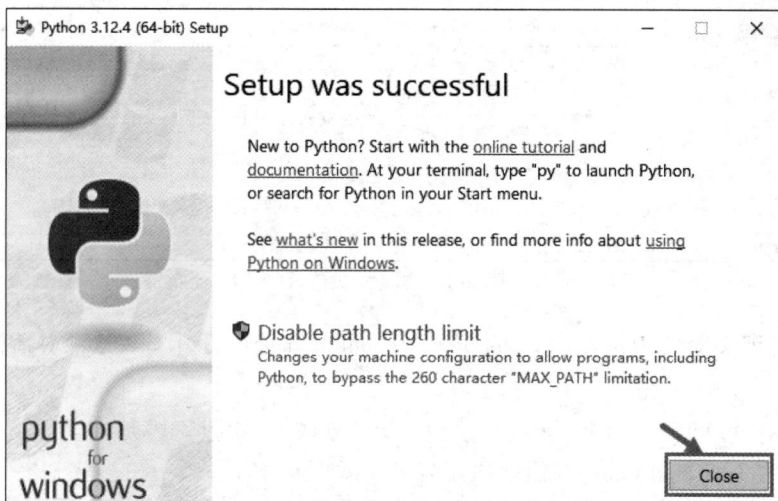

图 2-11　安装完成

Python 解释器 Python.exe、第三方库安装命令 pip、一些常用函数等，还安装了轻量级 Python 语言开发环境 Python IDLE。

2.4.3　检验安装是否成功

Python 安装完成后，在正式使用前可以先测试一下环境是否正常，以免在后续使用过程中出现找不到命令的问题。以 Windows 10 操作系统为例，检验 Python 是否安装成功的过程如下。

(1) 打开“命令提示符”窗口，在命令行输入 Python，如果出现 Python 版本提示，则表示 Python 安装成功，如图 2-12 所示。

```
命令提示符 - python
Microsoft Windows [版本 10.0.19045.4529]
(c) Microsoft Corporation。保留所有权利。

C:\Users\zwn>python
Python 3.12.4 (tags/v3.12.4:8e8a4ba, Jun  6 2024, 19:30:16) [MSC v.1940 64 bit (AMD64)] on win32
Type "help", "copyright", "credits" or "license" for more information.
>>> _
```

图 2-12　命令提示符窗口

在“＞＞＞”后输入 Ctrl＋Z、quit()或者 exit()即可退出 python 环境。

如果出现“‘python’不是内部或外部命令，也不是可运行的程序或批处理文件。”的提示，则说明当前路径中找不到 python.exe 可执行程序，原因是环境变量 PATH 没有配置。可以参考 2.4.4 节进行环境变量配置。

为保障后续安装第三方库顺利，可以测试一下 pip 命令是否正常安装。在命令行中输入 pip，如果出现图 2-13 所示的信息，则表示 pip 安装成功。

```
C:\Users\zwn>pip

Usage:
  pip <command> [options]

Commands:
  install                     Install packages.
  download                    Download packages.
  uninstall                   Uninstall packages.
  freeze                      Output installed packages in requirements format.
  inspect                     Inspect the python environment.
  list                        List installed packages.
  show                        Show information about installed packages.
  check                       Verify installed packages have compatible dependencies.
  config                      Manage local and global configuration.
  search                      Search PyPI for packages.
  cache                       Inspect and manage pip's wheel cache.
  index                       Inspect information available from package indexes.
  wheel                       Build wheels from your requirements.
  hash                        Compute hashes of package archives.
  completion                  A helper command used for command completion.
  debug                       Show information useful for debugging.
  help                        Show help for commands.

General Options:
  -h, --help                  Show help.
```

图 2-13　查看 pip 命令

如果出现“‘pip’不是内部或外部命令，也不是可运行的程序或批处理文件。”的提示，则说明当前路径中找不到 pip.exe 可执行程序，需要进行环境变量 PATH 配置。可以参考 2.4.4 节进行环境变量配置。

2.4.4 配置环境变量

下面以 Windows 10 为例介绍环境变量的设置方法。

（1）找到 python.exe 及 pip.exe 所在的目录并复制。如 C：\python312，C：\python312\Scripts。

（2）右击"此电脑"，在弹出的快捷菜单中选择"属性"选项，打开"系统属性"对话框，单击"高级"选项卡，打开图 2-14 所示的对话框。

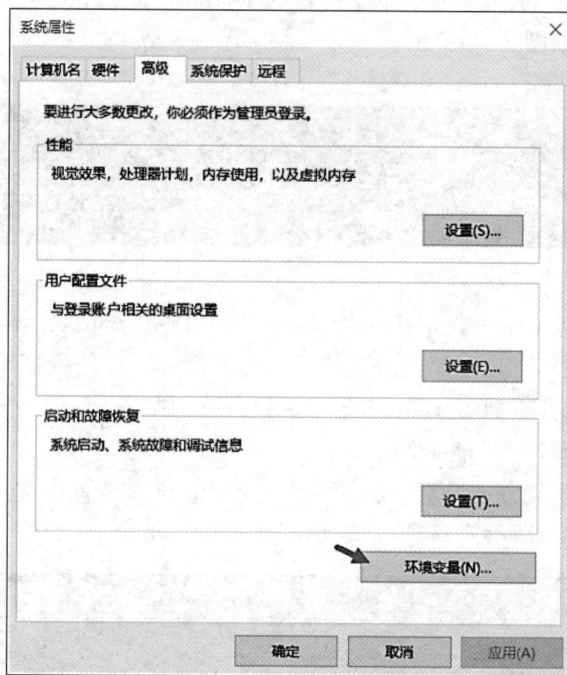

图 2-14 "系统属性"对话框

（3）单击"环境变量"按钮，打开图 2-15 所示的对话框。

在环境变量中，有系统变量和用户变量两种变量。系统变量对系统中的所有用户都有效，无论是系统管理员还是普通用户。用户变量只对当前用户有效，不会影响其他用户的环境设置。这里选择系统变量中的 Path 变量，然后单击"编辑"按钮。

（4）在弹出的"编辑环境变量"对话框中单击"新建"按钮，并且在光标所在位置分别输入刚才保存的 python.exe 及 pip.exe 所在的目录。如图 2-16 所示，单击"确定"按钮完成环境变量的设置。

2.4.5 Python IDLE 的使用

Python 解释器安装完成后，会自带一个名为 Python IDLE 的 IDE。Python IDLE 提供交互式和文件式两种工作模式。

1. 交互模式

单击 Windows 10 的"开始"菜单，找到 IDLE 菜单，如图 2-17 所示，单击 IDLE（Python

图 2-15　环境变量对话框

3.12 64-bit）打开 Python IDLE，如图 2-18 所示。

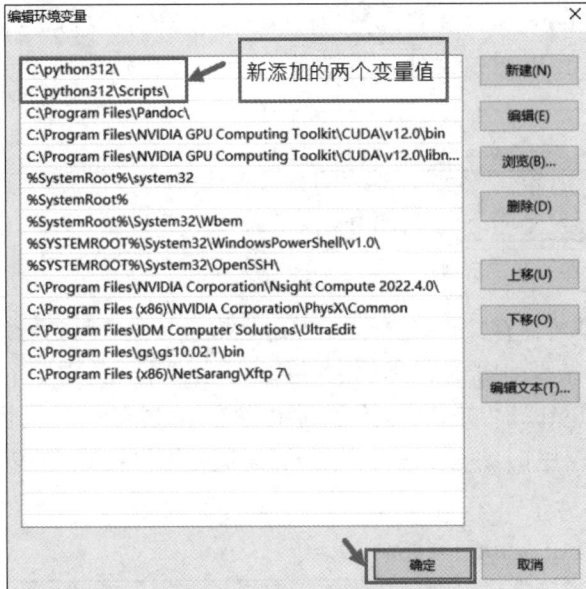

图 2-16　设置 Path 环境变量

图 2-17　Python IDLE 菜单

　　在 Python 提示符"＞＞＞"每写完一条语句后按 Enter 键，就会执行该语句，如图 2-19 所示。

　　交互模式适合单句运行、练习。在实际开发时，不可能只写一条语句，通常需要通过多

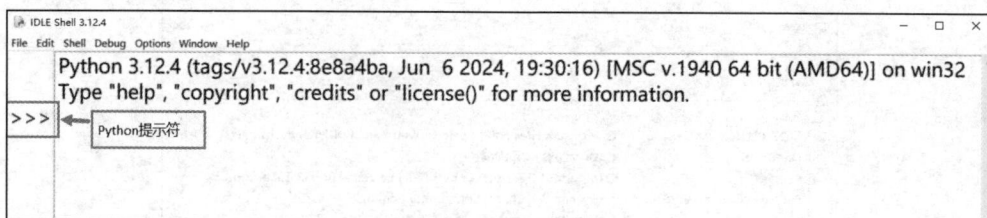

图 2-18　Python IDLE 窗口

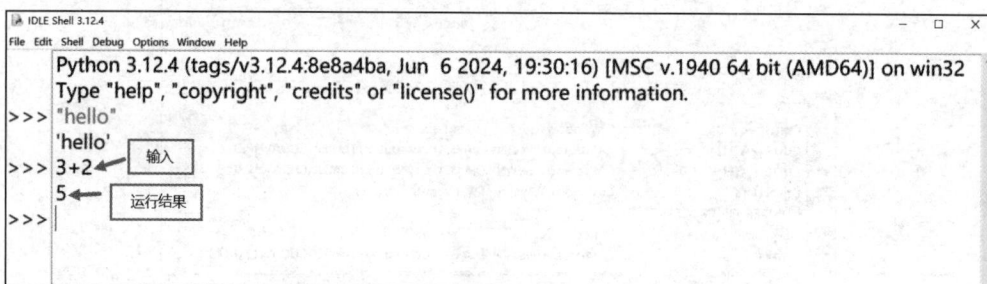

图 2-19　Python IDLE 交互模式

条语句完成一个完整的逻辑,这时就需要用文件模式来完成。

2. 文件模式

选择图 2-18 中 File 菜单中的 New File 选项,或者按快捷键 Ctrl＋N,即可新建一个 Python 文件。Python 文件默认的扩展名为 py 或 pyw。py 文件用 python.exe 解释,运行时会出现控制台窗口;pyw 文件用 pythonw.exe 解释,运行时不会出现控制台窗口,主要用于一些需要图形界面的程序。新建一个 Python 文件,输入图 2-20 所示的代码。

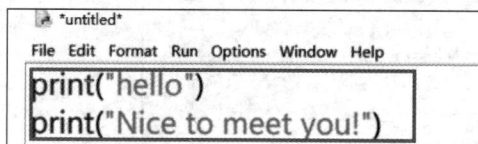

图 2-20　示例代码

选择 File|Save 或 Save As 选项即可保存文件,选择 Run|Run Module 选项可运行该文件,运行结果如图 2-21 所示。

在 Python IDLE 中,除了利用菜单外,还可以利用快捷键进行程序的编写、编辑和运行。常用的快捷键如表 2-1 所示。

图 2-21　运行结果

表 2-1　Python IDLE 常用的快捷键

快　捷　键	功　　能
Alt＋P	浏览历史命令(上一条)
Alt＋N	浏览历史命令(下一条)
Alt＋/	自动补全前面曾经出现过的单词

快　捷　键	功　　能
Alt＋3	注释代码块
Alt＋4	取消代码块注释
Ctrl＋Z	撤销一步操作
Ctrl＋Shift＋Z	恢复上一次的撤销操作
Ctrl＋S	保存文件
Ctrl＋]	缩进代码块
Ctrl＋[	取消代码块缩进

Python IDLE 是轻量级的语言开发环境，所提供的功能有限。在开发实际项目时，可以选择 Visual Studio Code 或 PyCharm 等编辑工具加 Python 解释器以搭建 Python 开发环境。

2.5　集成开发环境 VS Code

VS Code 是一款由微软开发的免费、开源的代码编辑器，它支持多种编程语言，拥有丰富的功能和扩展插件，使得开发者能够快速高效地进行软件开发。VS Code 具有强大的代码编辑、智能代码补全、调试工具、Git 版本控制集成等功能，并且可以通过安装各种扩展来满足不同的开发需求。在 VS Code 中安装 Python 插件并配置 Python 解释器即可进行 Python 代码编写、运行。下面以 Windows 10 操作系统中 VS Code 工作环境的搭建为例进行说明。

2.5.1　安装 VS Code

（1）在 VS Code 官网（https://code.visualstudio.com）下载适合自己操作系统的安装包并安装。首页会自动检测适合本机操作系统的版本，或者通过 Download 菜单找到合适的版本并下载，如图 2-22 所示。

（2）双击下载完成的 *.exe 可执行文件，按照向导提示进行安装。安装过程中建议修改安装路径，如图 2-23 所示。

2.5.2　安装插件

VS Code 是一款通用的代码编辑器，为了满足开发者的特定需求，VS Code 支持通过插件来扩展其功能。

1. 安装中文汉化包

（1）如图 2-24 所示，打开安装好的 VS Code，单击左侧边栏中的扩展图标（Extensions），或使用快捷键 Ctrl＋Shift＋X（Windows/Linux）或 Cmd＋Shift＋X（macOS），打开扩展商店。

（2）在搜索框中输入想要安装的插件名称或关键词"Chinese"，然后按 Enter 键进行搜索。

（3）在搜索结果中找到所需要的插件 Chinese（Simplified）Language Pack for Visual

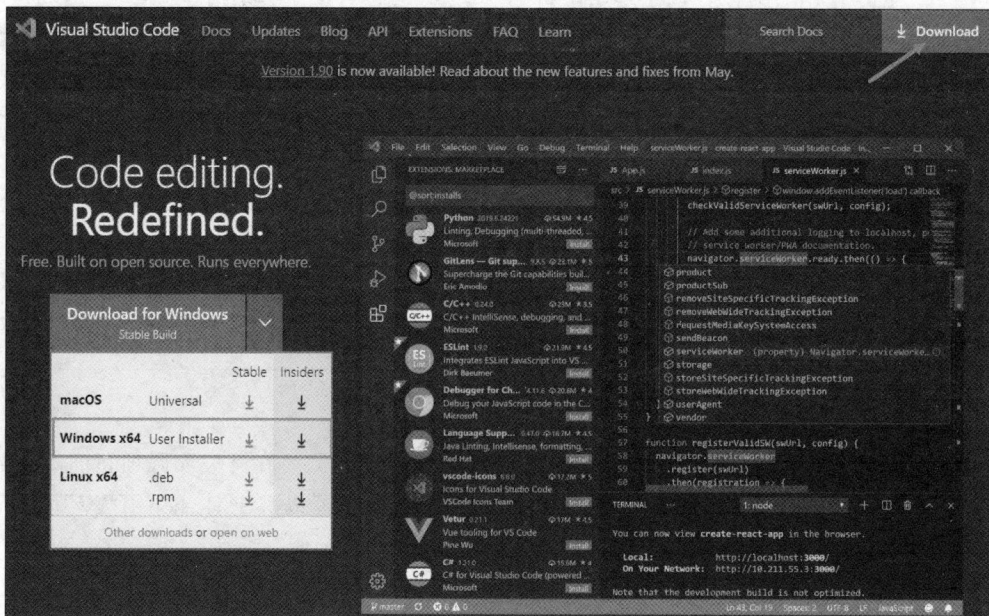

图 2-22 VS Code 下载界面

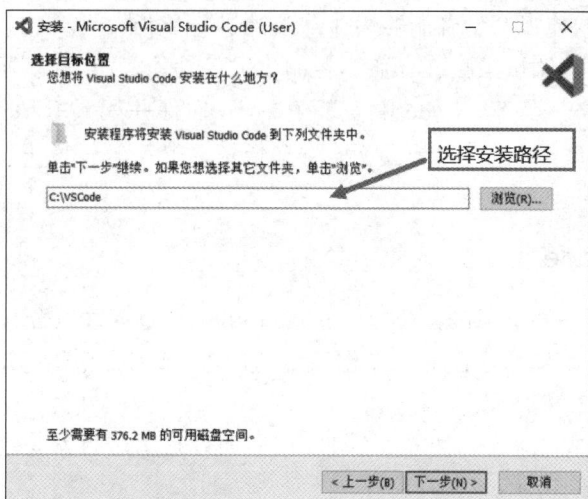

图 2-23 VS Code 安装路径选择

Studio Code，单击插件右侧的 Install 按钮。

安装并重启之后，Visual Studio Code 会变为中文菜单。如果重启后菜单不是中文的，则单击 Command Palette 或按快捷键 Ctrl＋Shift＋P 打开命令面板，输入 Configure Display Language，然后选择"中文（简体）"选项，如图 2-25 所示，选择后根据提示重启程序即可。

2. 安装 Python 插件

如图 2-26 所示，搜索 Python 插件进行安装。

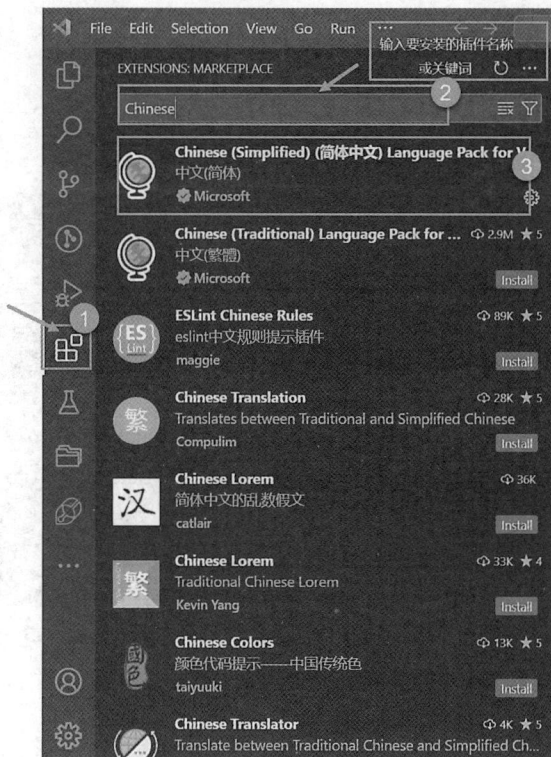

图 2-24　VS Code 插件安装

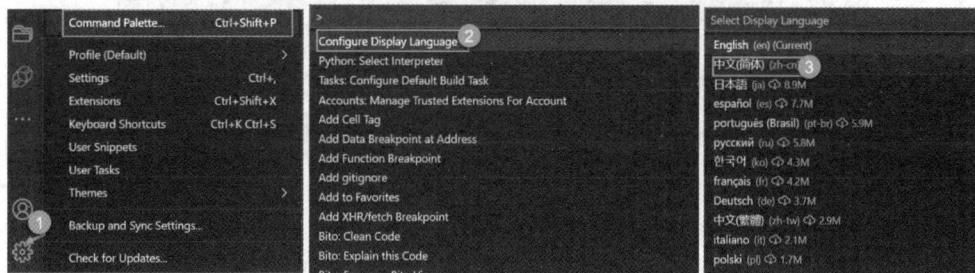

图 2-25　设置中文显示

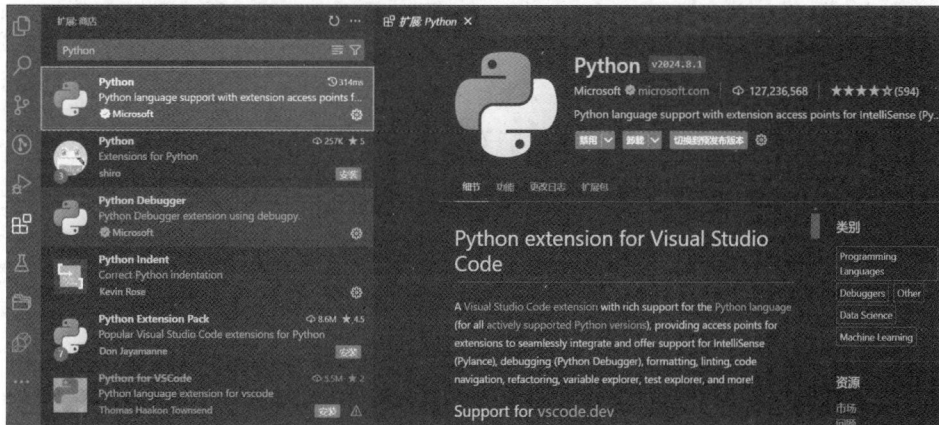

图 2-26　Python 插件安装

2.5.3 配置 Python 解释器

如图 2-27 所示，选择"管理|命令面板"选项或按快捷键 Ctrl＋Shift＋P 打开命令面板，输入 Python：Select Interpreter 命令，配置默认的解释器。

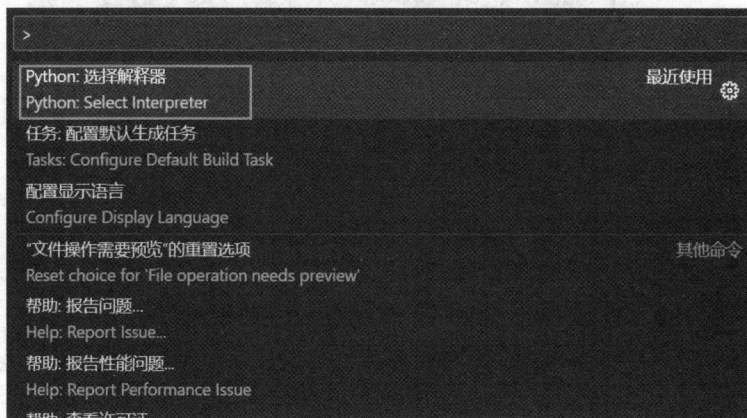

图 2-27 解释器配置

选中要使用的解释器对应的 pythonXX.exe，如图 2-28 所示。可以从列出的内容中选择，也可以输入解释器路径选择解释器。

图 2-28 选择解释器

2.5.4 在 VS Code 中编辑和运行 Python 程序

VS Code 是以文件夹为基础来管理项目的。在 VS Code 中，一个项目通常对应一个文件夹，这个文件夹被称为工作区（Workspace）。可以通过"打开文件夹"来打开一个项目，这样 VS Code 就会将这个文件夹及其子文件夹中的所有文件视为一个项目。

1. 新建 Python 程序

创建一个名为 pythonlx 的文件夹，然后在 VS Code 中选择"文件|打开文件夹"选项打开 pythonlx 文件夹作为项目的根目录。利用"文件|新建文件"选项或"新建文件"按钮新建一个名为 hello.py 的文件，如图 2-29 所示。

注意，新建文件时，要输入完整的文件名，如 hello.py，因为 VS Code 是通用编辑器，不带扩展名，编辑器不知道文件格式，只有标注了".py"，VS Code 才会将其识别为 Python 文件。输入下列代码：

```
msg = 'Hello World'
print(msg)
```

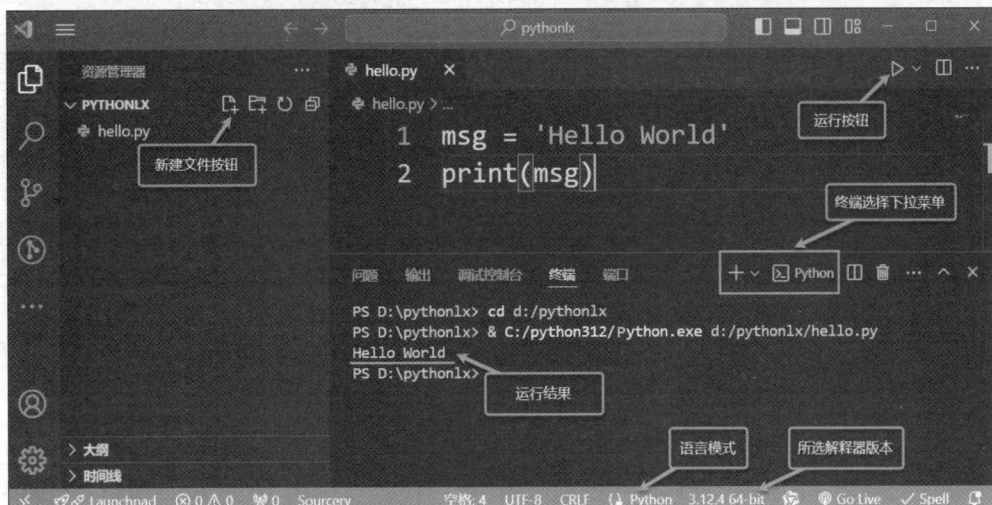

图 2-29　VS Code 窗口介绍

单击 VS Code 右上角的"运行"按钮或在代码窗口右击，选择"运行 Python|在终端中运行 Python 文件"选项，运行完成后即可看到运行结果。

还可以通过其他方式在 VS Code 中运行 Python 代码片段。

例如：选择一行或多行，然后按快捷键 Shift＋Enter 或右击并选择"在 Python 终端中运行选择/行"选项，如图 2-30 所示。

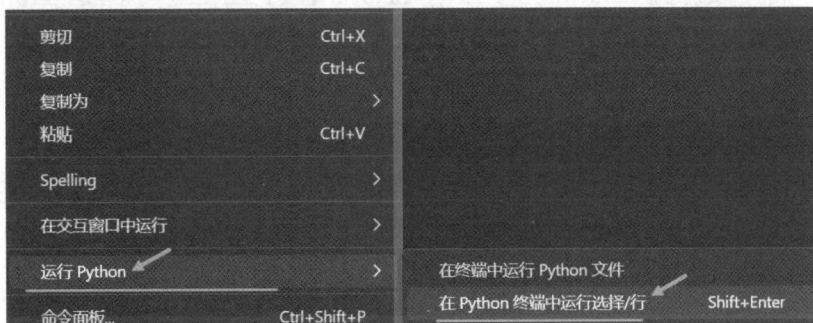

图 2-30　Python 终端中运行选择内容

从命令面板中选择 Python：Start REPL 命令，为当前选定的 Python 解释器打开 REPL 终端。在 REPL 中可以一次输入并运行一行代码，如图 2-31 所示。

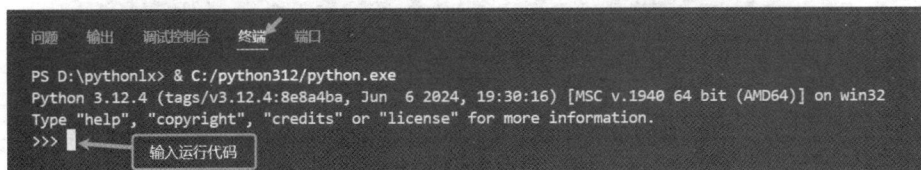

图 2-31　在终端运行代码

2. VS Code 使用中的一些快捷键

利用快捷键可以快速操作代码，VS Code 中常用的快捷键如表 2-2 所示。

表 2-2　VS Code 常用快捷键

快捷键	作用
Ctrl+"＋"	放大编辑窗口
Ctrl+"-"	缩小编辑窗口
Alt＋Z	自动换行
Alt＋Shift＋F	代码格式化
Ctrl+"/"	切换注释

‖ 2.6　集成开发环境 PyCharm

PyCharm 是一款由 JetBrains 开发的集成开发环境，专门用于 Python 编程，它提供了丰富的功能，如代码自动补全、调试器、项目管理工具、版本控制集成等。PyCharm 还支持 Django、Flask 等 Python 框架，并提供了丰富的插件生态系统。PyCharm 有两个版本：专业版和社区版。专业版收费，社区版免费且一般的功能都有。

2.6.1　PyCharm 安装

下面介绍在 Windows 10 操作系统中搭建 PyCharm 环境的步骤。

（1）下载并安装 PyCharm。打开 PyCharm 官方（https://www.jetbrains.com/pycharm/），单击页面中的 Dowload 按钮，进入 PyCharm 的环境和版本选择页面。

（2）选择下载 Windows 平台的社区版（Community Edition），如图 2-32 所示。

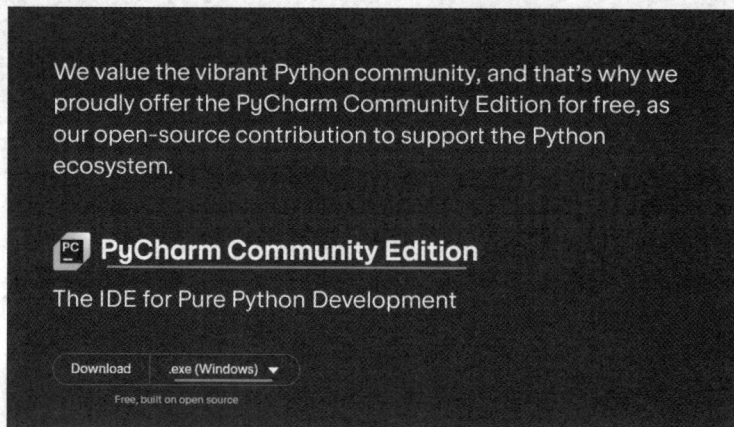

图 2-32　PyCharm 版本选择

（3）下载完成后，双击下载好的安装文件 pycharmXXX.exe，在打开的界面中单击"下一步"按钮进行安装。

（4）在软件安装路径的设置界面设置合适的安装路径，建议不要安装在过深的目录中，如图 2-33 所示。

（5）选择路径后，单击"下一步"按钮，出现如图 2-34 所示的界面。

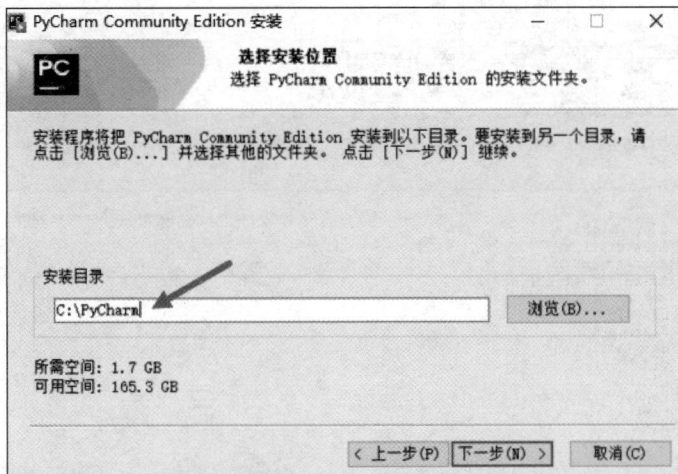

图 2-33　PyCharm 安装路径

图 2-34　PyCharm 安装选项

4 个安装选项的含义分别如下。

❶ 勾选后，在桌面上创建 PyCharm 的快捷方式，以便快速启动。

❷ 勾选后，右击文件夹时会出现 Open Folder as PyCharm Project 选项。可以选择使用 PyCharm 直接打开该文件夹作为一个项目，这样可以更快捷地管理和编辑项目文件，无须先打开 PyCharm 再手动选择项目文件夹。

❸ 勾选后，将 py 文件与 PyCharm 关联，双击 py 文件即可在 PyCharm 中打开。

❹ 勾选后，计算机重启后会更新环境变量，实现直接在命令行或终端输入 pycharm 便可启动 PyCharm。

根据需求选择即可，一般选择❶、❸即可。

勾选自己需要的配置选项，单击"下一步"按钮，进入图 2-35 所示的界面，直接单击"安装"按钮，进入安装过程。

（6）安装完成后，选择是否重启，然后单击"完成"按钮即可完成安装，如图 2-36 所示。

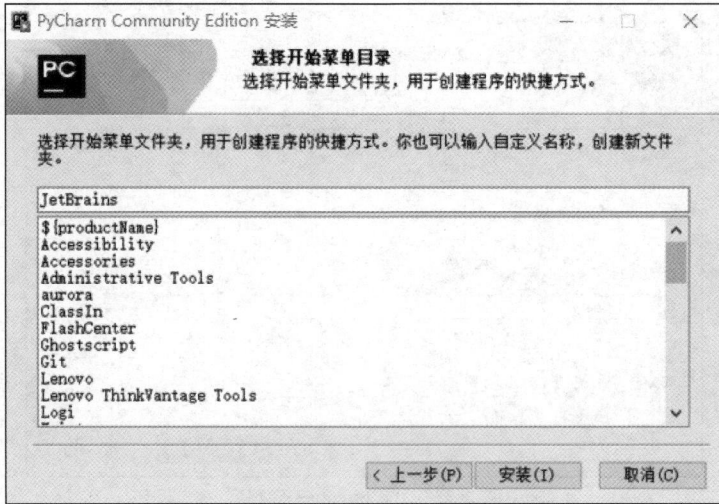

图 2-35　PyCharm 安装

图 2-36　PyCharm 安装完成

2.6.2　PyCharm 配置

1. PyCharm 汉化

（1）打开 PyCharm，单击左上角的 File 菜单，然后选择 Settings 选项。

（2）如图 2-37 所示，找到并单击 Plugins 按钮，在插件市场中搜索"Chinese"，选择"中文语言包"，单击右边的 Install 按钮进行安装。

（3）安装完成后，重启 PyCharm 即可看到中文界面。

2. 配置 Python 解释器

（1）打开 PyCharm，选择新建项目或打开已有的项目。

（2）选择菜单"文件|设置"选项，打开如图 2-38 所示的设置对话框。选择"项目：×××|Python 解释器"选项。

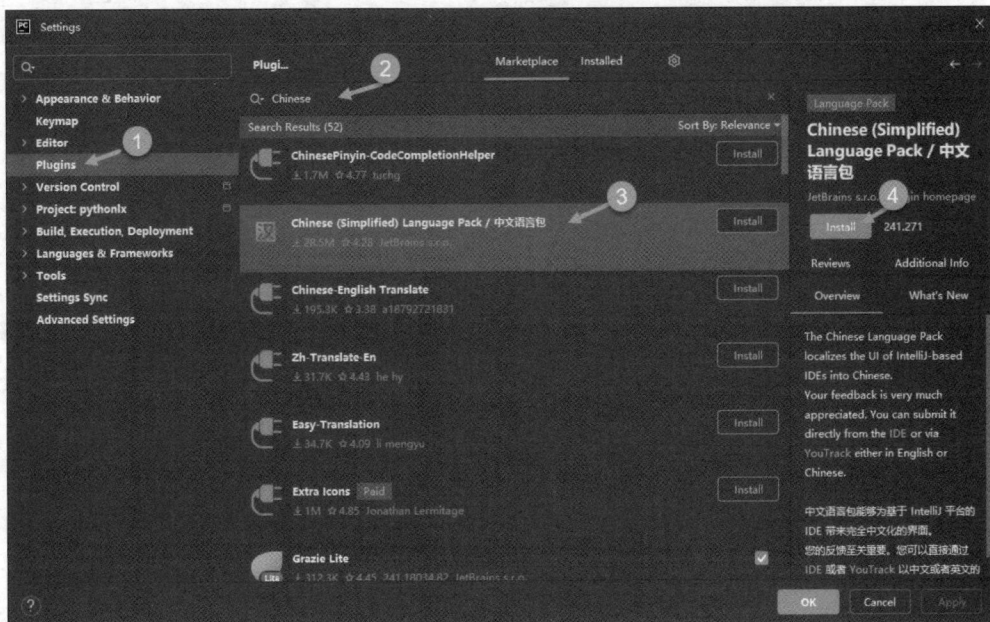

图 2-37　PyCharm 汉化配置界面

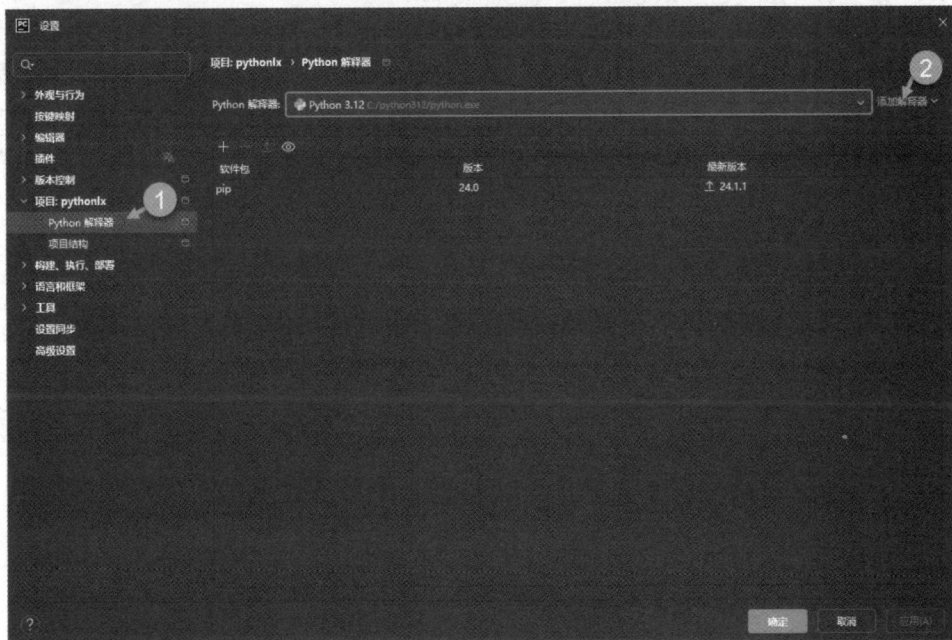

图 2-38　Python 设置对话框

（3）单击"添加解释器"进入解释器添加界面，如图 2-39 所示。

- Virtualenv 环境：创建一个新的虚拟环境。选择一个基础解释器，然后设置文件夹存放的虚拟环境。确认后，PyCharm 会自动创建并配置虚拟环境。
- Conda 环境：如果计算机系统中已经安装了 Anaconda，可以使用此选项创建一个新的 Conda 环境。选择一个 Python 版本，设置环境名称和位置。PyCharm 将自动配

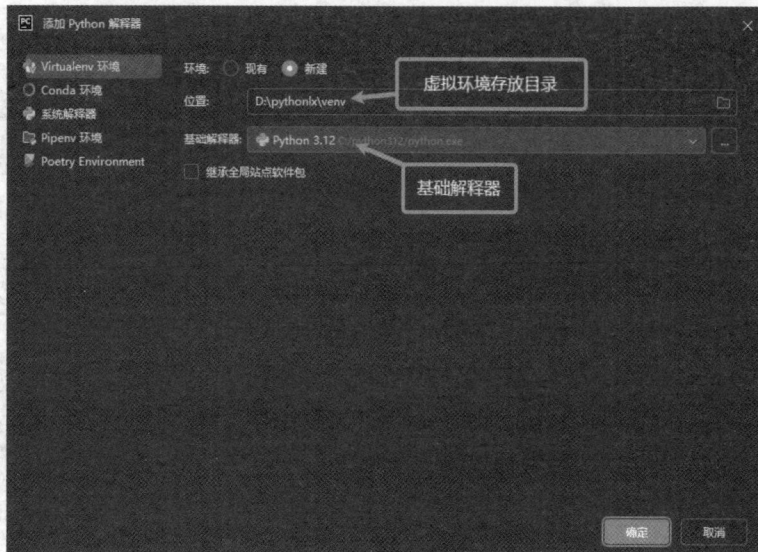

图 2-39　添加 Python 解释器

置 Conda 环境。

- **系统解释器**：从计算机系统中选择已安装的 Python 解释器。

Virtualenv 环境可以为不同的项目设置独立的环境，每个环境都可以有自己的 Python 解释器和独立的第三方库。这样可以避免不同项目之间的依赖冲突，以及在全局 Python 环境中安装和卸载包时可能产生的问题。如果需要管理多个项目并避免版本冲突，建议配置虚拟环境解释器。如果希望简化配置过程并节省时间，可以选择系统解释器。

2.6.3　PyCharm 中编辑和运行 Python 文件

（1）选择"文件|新建|Python 文件"选项或者右击新建好的项目，在弹出的菜单中选择"新建|Python 文件"选项即可新建 Python 文件，如图 2-40 所示。

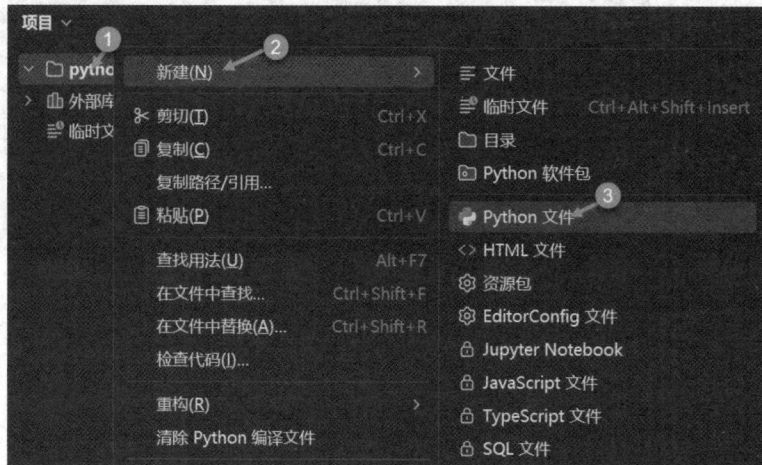

图 2-40　PyCharm 新建 Python 文件

（2）输入文件名"hello"，新建 hello.py 文件，在代码编辑区输入相应代码，单击"运行"按钮即可运行代码，如图 2-41 所示。

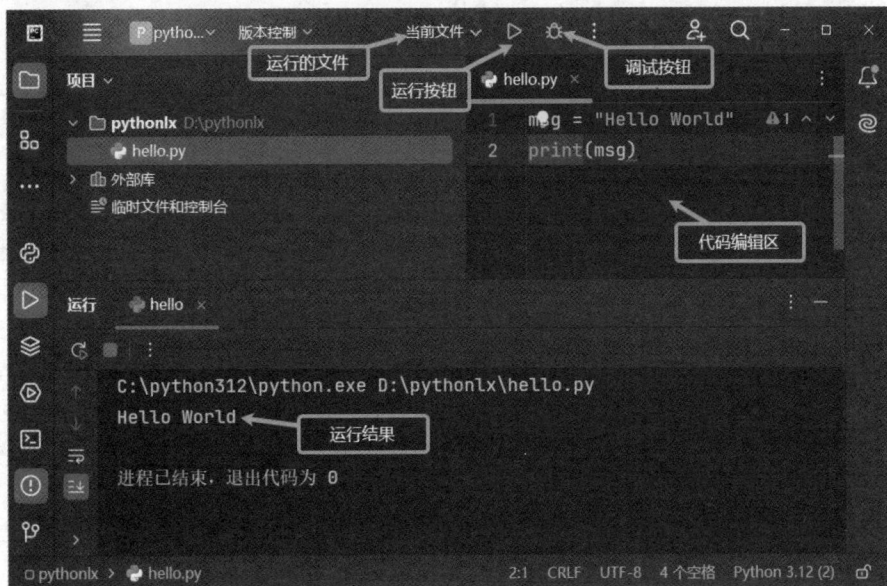

图 2-41　PyCharm 窗口

PyCharm 中除了可以利用"运行"按钮运行文件以外，也可以选中代码并右击，在打开的快捷菜单中选择运行文件或选中代码。

2.7　集成开发环境 Anaconda

Anaconda 是一个 Python 的集成环境，Anaconda 自带 Python 解释器并集成了众多常见的第三方库，如 NumPy、pandas 等科学计算、数据分析软件包，还提供了包管理工具 pip 与 conda，以及 Jupyter Notebook、Spider 代码编辑工具，并解决了多版本兼容与虚拟环境管理问题。如果常用 Python 进行数据分析或科学计算，可以直接安装 Anaconda，以省去安装众多数据分析包的麻烦。

安装好 Anaconda 后，可以采用 Anaconda 自带的 Jupyter Notebook 或 Spyder 编辑程序，也可以采用 VS Code 或 PyCharm 等其他编辑工具，并搭配 Anaconda 自带的 Python 解释器作为工作环境，这种工作环境对于 Anaconda 已有的第三方库可以直接使用，无须再进行安装。

2.7.1　Anaconda 安装

（1）在 Anaconda 官网（https://www.anaconda.com/products/individual）（图 2-42）或国内镜像（如：https://mirrors.tuna.tsinghua.edu.cn/anaconda/archive/，如图 2-43 所示），下载个人免费版本。

（2）下载完成后，双击下载的 AnacondaXXX.exe 文件，单击 Next 按钮进行安装，在

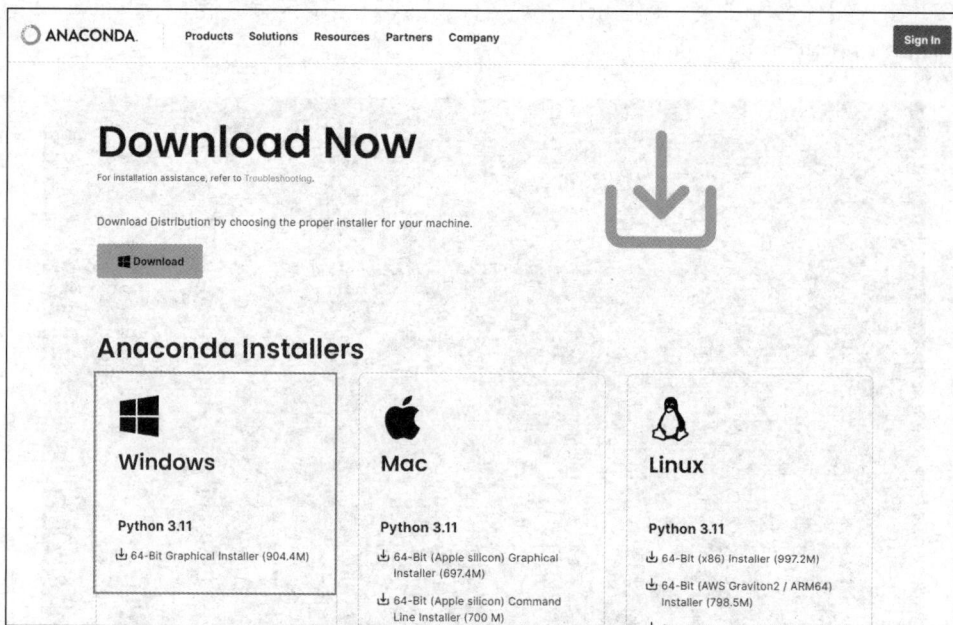

图 2-42　Anaconda 官网下载界面

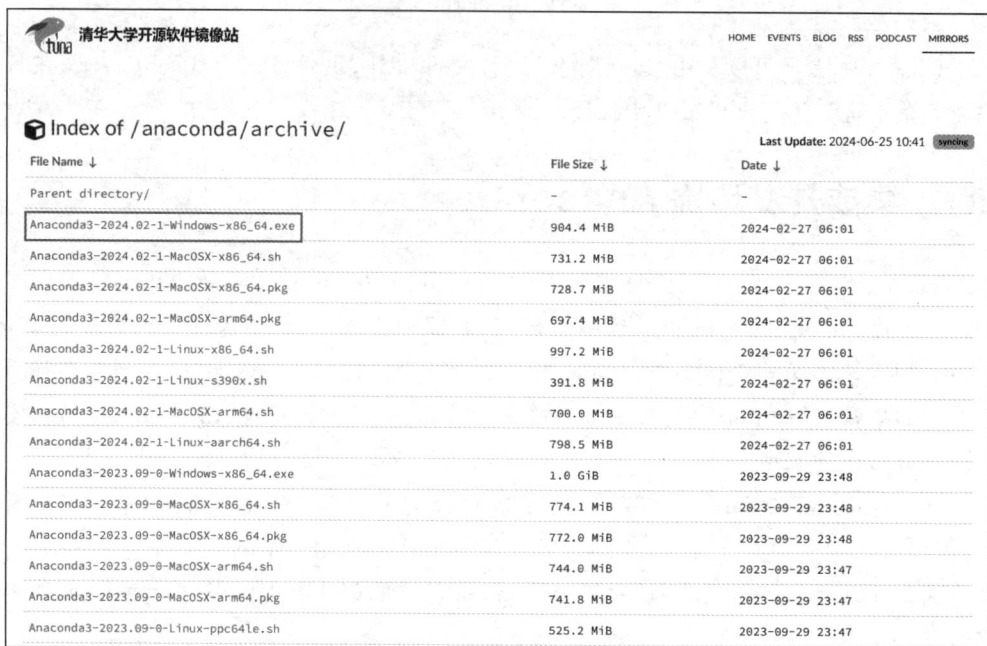

图 2-43　Anaconda 国内镜像

License Agreement 对话框中选择 I Agree 选项并选择安装类型，如图 2-44 所示。

（3）如图 2-45 所示，选择安装路径后单击 Next 按钮。

（4）如图 2-46 所示，选择高级安装选项，然后单击 Install 按钮开始安装。

（5）安装过程结束后，单击 Finish 按钮完成安装。

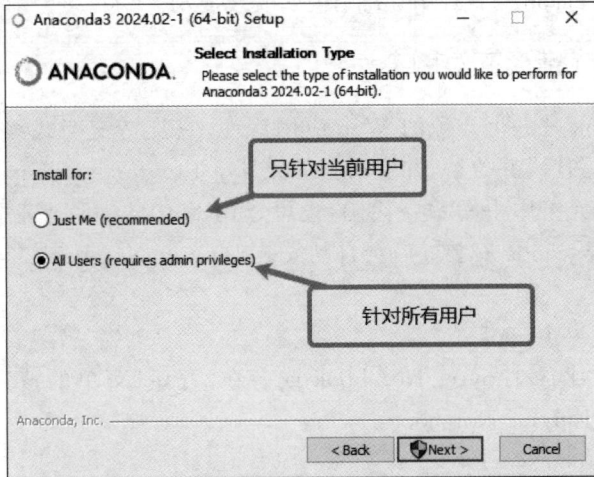

图 2-44　Anaconda 安装类型选择

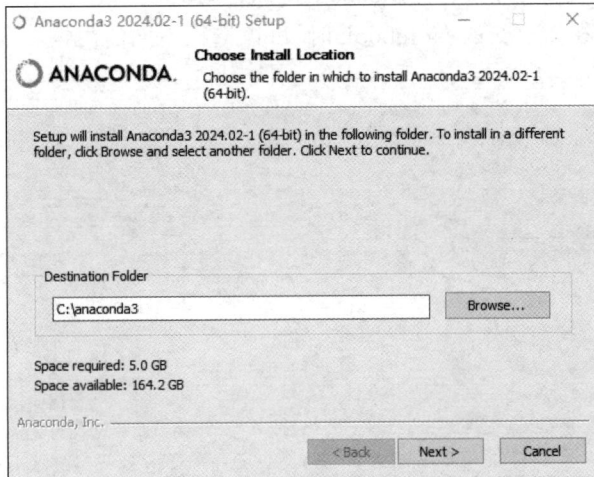

图 2-45　Anaconda 安装路径选择

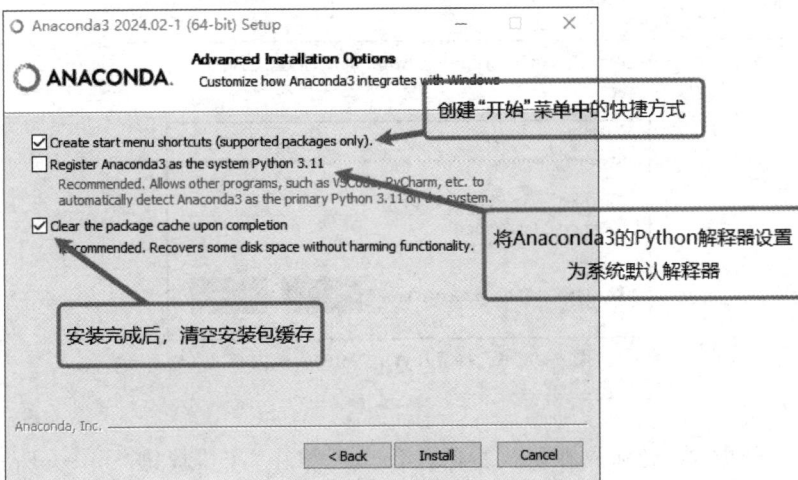

图 2-46　Anaconda 安装选项选择

如果可以成功启动 Anaconda Navigator，则说明安装成功。

2.7.2 使用 Jupyter 新建交互脚本

Jupyter Notebook 是一个开源的 Web 应用程序，它支持交互式编程，可以在 Jupyter Notebook 中直接编写代码并执行，并实时查看结果。Jupyter Notebook 支持富文本格式，既可以在 Jupyter 单元格中书写程序代码，也可以用 Markdown 语言添加格式化文本、链接、图片、视频等。Anaconda 安装好后会自动安装 Jupyter Notebook，也可以通过 pip 命令安装 Jupyter 包。

1）启动 Jupyter Notebook

单击"开始"菜单中的 Jupyter Notebook 或者在"开始"菜单的搜索框中输入 Jupyter Notebook，即可启动 Jupyter Notebook。

2）创建新的 Notebook

在 Jupyter Notebook 界面中单击右上角的 New 按钮可以选择新建的内容，如图 2-47 所示。选择 Notebook 选项可新建 Notebook 文件。第一次新建文件，需要选择 Kernel 选项，如图 2-48 所示。在创建新的 Notebook 时，可以选择不同的内核。

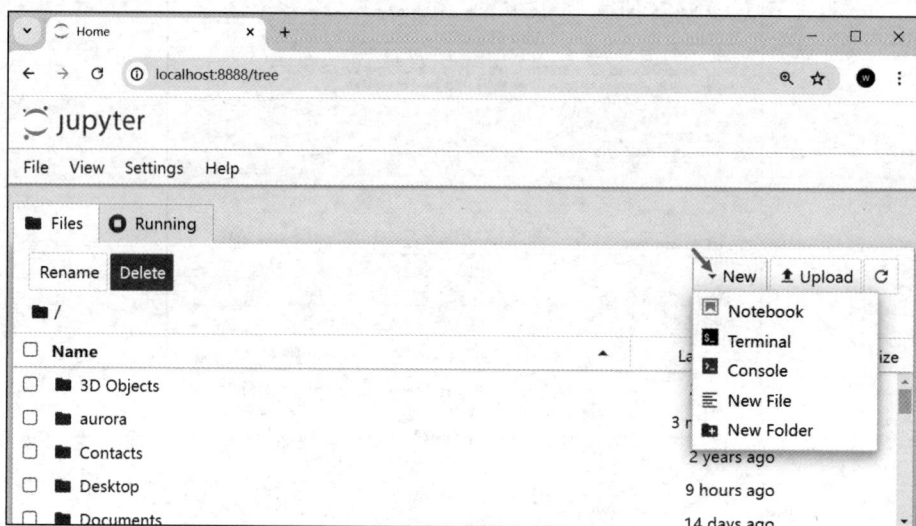

图 2-47 Jupyter Notebook 新建文件

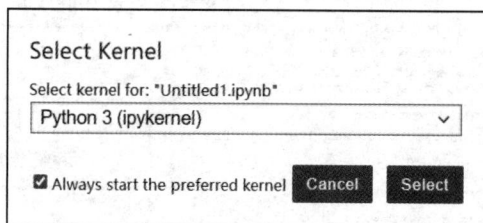

图 2-48 选择 Jupyter Notebook 内核

3）运行代码

在 Notebook 中，将光标放在要执行的代码单元格中，按快捷键 Shift＋Enter 或通过

Run 菜单或"运行"按钮即可运行所选单元格的代码。

4）保存 Notebook

在 Notebook 中，通过 File 菜单的相关选项可将 Notebook 保存为 ipynb 文件，也可以通过 Save and Export Notebook As 选项把 Notebook 导出为不同的文件格式。

‖ 2.8 人工智能辅助编码

2.8.1 大模型 API 辅助编程

大模型是指利用海量数据，通过先进的算法和技术训练得到的具有强大预测和决策能力的人工智能模型。可以利用大模型 API，通过提示词轻松生成代码。

打开文心一言（https://yiyan.baidu.com/），输入提示词"请用 Python 编程计算 1～100 之间所有奇数的和"，然后会自动生成图 2-49 所示的代码，并给出相应的解释。

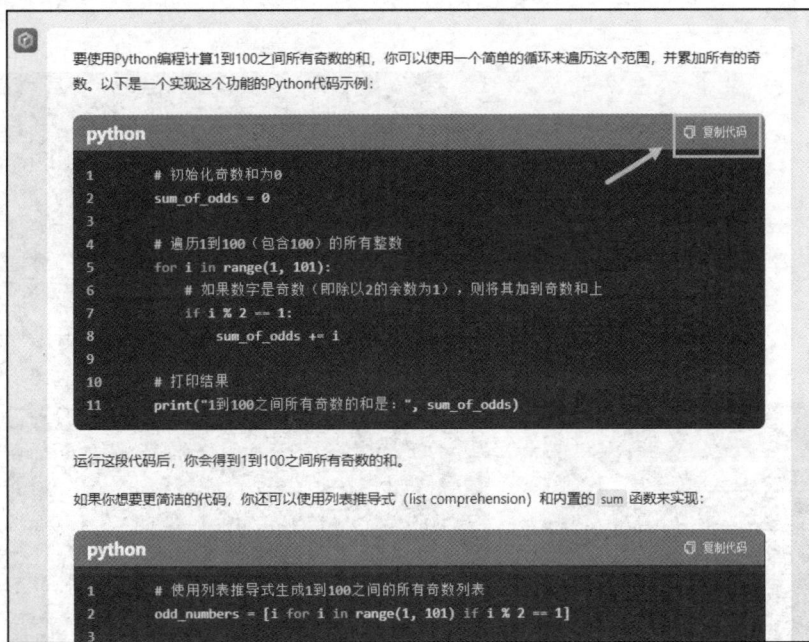

要使用Python编程计算1到100之间所有奇数的和，你可以使用一个简单的循环来遍历这个范围，并累加所有的奇数。以下是一个实现这个功能的Python代码示例：

```python
1    # 初始化奇数和为0
2    sum_of_odds = 0
3
4    # 遍历1到100（包含100）的所有整数
5    for i in range(1, 101):
6        # 如果数字是奇数（即除以2的余数为1），则将其加到奇数和上
7        if i % 2 == 1:
8            sum_of_odds += i
9
10   # 打印结果
11   print("1到100之间所有奇数的和是: ", sum_of_odds)
```

运行这段代码后，你会得到1到100之间所有奇数的和。

如果你想要更简洁的代码，你还可以使用列表推导式（list comprehension）和内置的 sum 函数来实现：

```python
1    # 使用列表推导式生成1到100之间的所有奇数列表
2    odd_numbers = [i for i in range(1, 101) if i % 2 == 1]
3
```

图 2-49 文心一言生成代码

单击"复制代码"按钮即可将复制的代码粘贴到 Python IDE 中，如粘贴到 VS Code 新建的 Python 文件中，运行后即可看到程序结果。

2.8.2 AI 编程插件

AI 编程插件是一种利用人工智能技术辅助编程的工具，这些工具提供自动代码生成、智能化代码补全、错误检测、代码优化等功能，降低了学习门槛，可以帮助程序员更快地编写高质量的代码。目前使用较多的 AI 编程插件如下。

- GitHub Copilot：由 GitHub 与 OpenAI 合作开发的一款智能代码生成和补全工具，广泛应用于多种编程语言中。

- **CodeGeeX**：由清华大学和智谱 AI 联合打造的多语言代码生成工具，支持超过 300 种编程语言，适配多种主流 IDE 平台，包括 Visual Studio Code、JetBrains IDEs、Visual Studio、HBuilderX、DeepIn-IDE 等。CodeGeeX 能够实现自动生成代码与补全、翻译代码、重构代码、编写文档以及回答编程问题等功能。
- **通义灵码**：阿里推出的基于通义大模型的 AI 编程助手，提供代码智能生成、研发智能问答等功能。

下面以在 VS Code 中安装和使用 CodeGeeX 为例，说明如何利用 AI 编程插件辅助编程。

1. CodeGeeX 安装

如图 2-50 所示，打开 VS Code，单击左侧的 Extensions（扩展）按钮，在搜索框中输入 codegeex 并搜索，在搜索结果中单击"安装"按钮。

2. CodeGeeX 使用

1）根据提示词生成代码

在提示词框中输入提示词即可自动生成代码，可以复制、插入代码到文件，如图 2-51 所示。

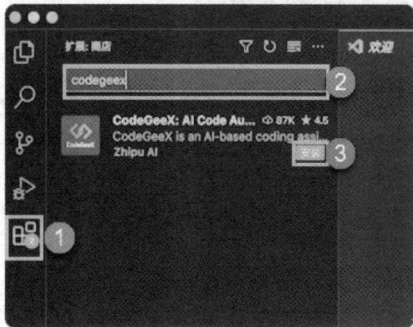

图 2-50　安装 CodeGeeX 插件

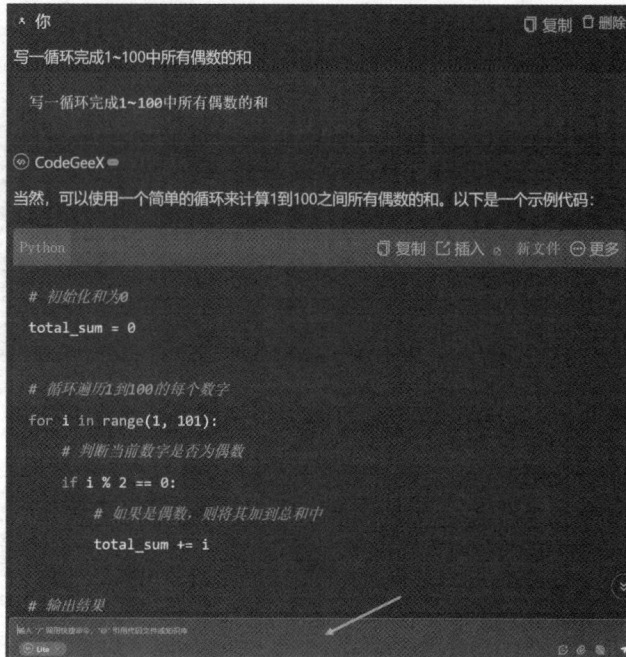

图 2-51　CodeGeex 提示词框

2）自动补全代码

当打开一个代码文件后，开始编码。在编码过程中稍等一下，即可看到 CodeGeeX 根据上下文代码内容推理出来的可能代码。如果认为推理出的代码合理，可以使用快捷键 Tab 对生成的代码进行采纳。如果认为内容不合适，按任意键即可取消推荐的内容，继续手动编码。另外，编写注释后按 Enter 键，也可以看到推理出来的可能代码。

3）其他功能

如图 2-52 所示，选中代码并右击，可以进行代码解释、生成注释、代码审查等操作。更多 CodeGeeX 的功能可以查看 CodeGeeX 官网的使用手册。

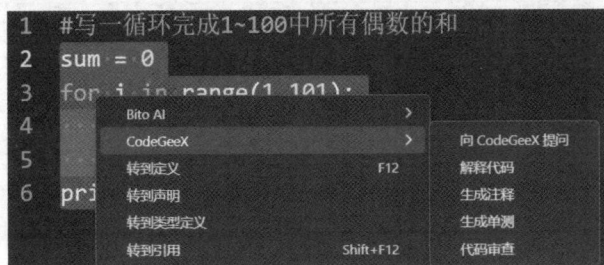

图 2-52　CodeGeex 右键菜单

3. AI 辅助编程思考

既然 AI 工具可以编程，那么还需要学习编程吗？答案是需要，而且要学得更扎实。在编程方面，AI 工具可以实现自动编码和智能代码补全，也可以根据提示词进行代码调试，这在很大程度上提高了代码编写效率，降低了初学者的门槛。但生成的代码是否符合用户意图还需要人工判断，对于复杂业务的处理，还需要人类意识的介入。读者应该先学好 Python 基础知识，在具备基本编程能力和程序评判能力的基础上，再借助 AI 的能力，从而得到更好的编程能力和更快的编程速度。

本书侧重对基本理论和思路的讲解，案例实现代码仅作为参考，读者可以在理解基本逻辑的基础上利用 AI 工具辅助代码编写。

‖本章小结

本章介绍了 Python 语言以及常用 Python IDE 环境的搭建，并介绍了如何利用 AI 工具辅助代码开发。

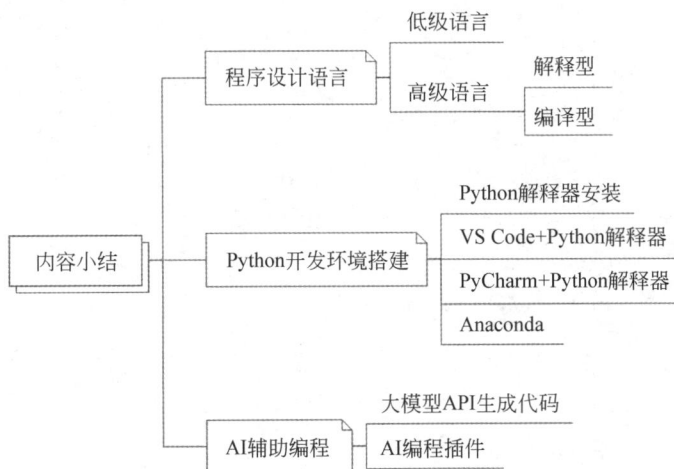

‖思考与练习

1. 在自己的计算机上搭建一种 Python 开发环境，并编写程序，输出"Hello,World!"。
2. 利用 AI 编程工具辅助编写 Python 程序，绘制一颗红心。

第3章 与计算机沟通的规则——Python 基本语法

学习目标

(1) 理解 Python 程序格式中的缩进
(2) 了解系统保留字,熟悉自定义标识符的命名规则
(3) 理解 Python 中的变量赋值原理,会对变量进行赋值
(4) 掌握输入函数 input()
(5) 掌握输出函数 print()

用计算机程序求解具体问题时,要明确输入数据(Input)、处理逻辑(Process)、输出结果(Output),这就是编程的 IPO 模式。编写程序时,既要明确程序的 IPO 是什么,也要明确利用编程语言如何实现 IPO。下面以输入身高、体重,计算 BMI 值为例,说明程序的 IPO 以及如何用 Python 编程实现 BMI 计算。

例3.1 编写程序,输入身高、体重,计算 BMI 值并给出健康建议。

BMI＝体重/身高^2。因此上述问题的 IPO 如下:

- 输入(Input):身高 height(以米为单位),体重 weight(以千克为单位)。
- 处理(Process):weight/height^2。
- 输出(Output):BMI 值。

根据 IPO 描述,用 Python 编写程序如下。

实例代码:eg3_1_calBMI.py

```
1.  weight =float(input("请输入您的体重(千克): "))#输入体重
2.  height =float(input("请输入您的身高(米): "))#输入身高
3.  bmi =weight / (height * * 2)#计算 BMI
4.  #根据 BMI 值输出相应的健康建议
5.  if bmi <18.5:
6.      print("您的 BMI 是{: .2f},体重过轻,需要增加营养。".format(bmi))
7.  elif bmi <24.9:
8.      print("您的 BMI 是{: .2f},体重正常,继续保持。".format(bmi))
9.  elif bmi <29.9:
10.     print("您的 BMI 是{: .2f},体重过重,建议控制饮食和增加运动。".format(bmi))
11. else:
12.     print("您的 BMI 是{: .2f},体重肥胖,需积极采取减重措施。".format(bmi))
```

输入身高、体重,程序运行结果如下:

```
请输入您的体重(千克): 70
请输入您的身高(米): 1.8
您的 BMI 是 21.60,体重正常,继续保持。
```

‖ 3.1 程序的格式框架

Python 语言采用严格的"缩进"来表示程序的格式框架。如实例 3.1 中第 6 行与第 5 行之间有缩进，表示在满足第 5 行逻辑的情况下，程序才会执行第 6 行的代码。在 Python 中"缩进"是表示代码之间包含和层次关系的唯一手段，缩进不正确则程序运行会报错。例如：将例 3.1 中的第 5、6 行修改为：

```
if bmi <18.5:
print("您的 BMI 是{:.2f}，体重过轻，需要增加营养。".format(bmi))
```

当运行程序时，会出现如下错误提示：

```
IndentationError: expected an indented block after 'if' statement on line 5
```

不需要缩进的代码顶行编写，不留空白，如实例 3.1 中的第 1、2、3 行。Python 对缩进的大小没有强制要求，只要程序中各级缩进大小保持一致即可。一级缩进一般为 4 个空格或者一个制表符大小（用 Tab 键实现），也可以用多个空格实现，但不建议用空格实现缩进，这样很容易造成缩进不一致的情况。Python IDE 工具书写完一行代码后按 Enter 键，会根据逻辑自动与上一行对齐或者有一个默认的缩进。需要调整缩进时，按 Tab 键即可。按一次 Tab 键表示缩进一级，按 Shift＋Tab 键表示回退一级。Python 对语句之间的缩进层级也没有限制，可以有多层缩进。

除了缩进，在书写 Python 程序时，也要遵循一定的规范：一行一条语句，不要多条语句放在一行；尽量不要写过长的语句，如果语句确实太长以至超出屏幕宽度，可以使用反斜杠"\"，或者使用圆括号"()"将多行语句括起来以表示它们是一条语句。例如：

```
result =1 +2 +3 +\
        4 +5 +6 +\
        7 +8 +9
```

在行尾使用反斜杠可以将语句延续到下一行，但是不推荐这种方法，因为它会使代码难以阅读和维护。

在圆括号内编写代码，Python 会自动将多行语句视为一个语句。例如：

```
result =(1 +2 +3 +
        4 +5 +6 +
        7 +8 +9)
```

‖ 3.2 注释

注释是程序员在代码中添加的说明性文本，这些文本不会被编译器或解释器执行。不同编程语言的注释方式不一样。Python 中提供了单行注释和多行注释两种注释方式。单行注释以"#"开头，其后内容为注释。多行注释以三引号('''或 """)开头和结尾。例如：

```
#这是一个单行注释
```

```
'''
这是一个多行注释
创建人:
创建日期:
'''

"""
这也是一个多行注释
创建人:
创建日期:
"""
```

　　注释常用于注明作者、版本信息或对代码的功能、逻辑、重要的元数据加以描述,提升代码的可读性和可维护性。注释也可用于辅助程序调试。在调试程序时,可以通过单行或多行注释临时"去掉"一行或连续多行与当前调试无关的代码,辅助程序员找到程序发生问题的可能位置。

▌3.3　标识符

　　标识符是用来标识程序中的变量、函数、类等元素的字符串。实例 3.1 中的 weight、height、bmi 就是用于标识变量的标识符,即变量名。Python 中的标识符分为两类——系统保留的标识符和自定义标识符。

　　系统保留的标识符也称为关键字或保留字,具有固定的含义,不能挪作他用。Python 3 中共有 33 个保留字,如表 3-1 所示,可以用 Python 标准库 keyword 中的 kwlist 属性查看。

```
import keyword
print(keyword.kwlist)
```

表 3-1　Python 3 中的 33 个保留字

and	as	assert	break	class	continue
def	del	elif	else	except	finally
for	from	False	global	if	import
in	is	lambda	nonlocal	not	None
or	pass	raise	return	try	True
while	with	yield			

　　自定义标识符的命名需要遵循一定的规则。

- 标识符可以是字母、数字、下画线和汉字等字符,但第一个字符不能是数字,中间不能出现空格,标识符为多个单词时,单词之间可以用下画线连接。例如:weight、Python_Greate、姓名是合法命名,123a 是不合法的标识符。
- Python 标识符大小写敏感。例如:A1 和 a1 是不同的标识符。
- 不能使用 Python 的保留字作为自定义标识符。
- 以下画线开头或结尾的标识符在 Python 中有特殊含义,应避免作为一般标识符使用。

- 尽管允许使用中文作为标识符，但不建议使用。

‖ 3.4 赋值语句

常量是指在程序运行过程中值固定的量，如 34、'hello' 等。变量是指在程序运行过程中值可以发生改变的量。标识一个变量要用变量名，变量名需要遵循 3.3 节所描述的自定义标识符的规则。除了循环控制变量可以用 i、x 这样的简单名字外，其他变量最好使用有意义的名字，以提高程序的可读性。

在 Python 中，不需要事先声明变量名及其类型，直接赋值即可创建各种类型的变量。Python 中用"＝"实现赋值。例如：

- $x=5$ 表示将 5 赋值给变量 x，即将 x 指向值 5 存放的内存单元，x 为整型。
- $x=5.21$ ♯ 表示将 5.21 赋值给变量 x，即将 x 指向值 5.21 存放的内存单元，x 为浮点型。

Python 采用的是基于值的自动内存管理方式，当我们创建一个变量并为其赋值某个对象时，Python 会在内存中分配空间来存储这个对象，并将变量与这个对象关联起来。当没有任何变量再引用该对象时，Python 会自动回收该对象的内存空间。当为变量重新赋值时，并不是修改变量的值，而是使变量指向新的值，如图 3-1 所示。

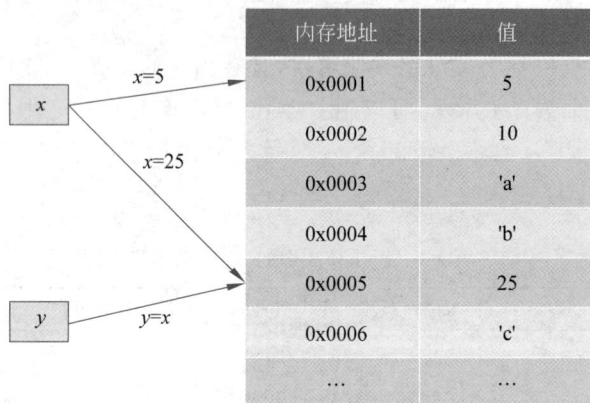

图 3-1 变量赋值

$x=5$ 代表 x 指向 5 所在的内存单元；$x=25$ 代表 x 指向 25 所在的内存单元；$y=x$ 代表 y 与 x 指向同一个内存单元。

Python 中可以将一个值同时赋给多个变量，如 $x=y=z=1$ 表示 $x=1,y=1,z=1$。

Python 可以同步赋值，即同时给多个变量赋值，如 $x,y=1,2$ 表示同时实现 $x=1,y=2$。

同步赋值并非等同于多个单一赋值的组合，同步赋值是首先运算右侧的 N 个表达式，然后同时将其赋值给左侧的 N 个变量。采用同步赋值可以方便地交换两个变量的值。例如：

```
x,y=1,2
print(f"交换前: x={x},y={y}")
x,y=y,x
print(f"交换后: x={x},y={y}")
```

输出结果为：

```
交换前：x=1,y=2
交换后：x=2,y=1
```

如果采用单一赋值实现两个变量的交换,则需要一个额外的辅助变量,如上述交换 x 和 y 值的过程,用单一赋值时实现如下：

```
t=x
x=y
y=t
```

3.5　输入语句

在 Python 中,用 input()函数从标准输入(通常是键盘)读取用户输入的字符串。基本语法格式如下：

```
<变量>=input(prompt='', /)
```

input()函数接收键盘上输入的信息,并以字符串的形式返回,即无论输入的是数字还是字符串,返回的均是字符串格式。参数 prompt 用来提示用户输入什么信息,prompt 中的内容原样输出。例如：

```
>>> userName=input("请输入姓名")
请输入姓名
```

提示信息"请输入姓名"原样输出,在闪烁的光标后输入内容即可。input()函数的返回值是用户输入的内容,如输入"张三",userName 的值便为"张三"。参数 prompt 也可以省略,省略后没有提示信息,运行时在光标闪烁处输入信息即可。

3.6　输出语句

Python 中的输出由 print()函数实现。输出信息时,可以直接将待输出内容传递给 print()函数,也可以采用格式化输出,如示例 3.1 代码中的第 6、8、10、11 行。print()函数用槽格式和 format()方法将变量和字符串结合到一起输出,例如：

```
print("您的 BMI 是{: .2f},体重过轻,需要增加营养。".format(bmi))
```

表示输出的内容模板是"您的 BMI 是{ },体重过轻,需要增加营养。",其中"{ }"所在位置的内容是 format()函数中变量 bmi 的值,{:.2f}表示该处所填数字为保留小数点后两位的浮点数。有关 format()函数的详细用法在这里不做具体讲解。

print()函数的语法格式为：

```
print(* args, sep=' ', end='\n', file=None, flush=False)
```

其参数含义如表 3-2 所示。

表 3-2   print()函数参数

参　　数	说　　明
* args	要输出的信息，当需输出多个值时，多个值之间用逗号隔开
sep	指定输出的多个值之间的分隔符，默认是空格
end	指定在参数末尾打印什么，默认是换行
file	指定输出对象，默认是 sys.stdout，即系统标准输出，也就是屏幕
flush	是否强制刷新输出缓冲区，默认值为 False

运行下列代码，观察运行结果，理解 print()函数中 sep 参数的功能。

```
print(1,2,3,4,5)
print(1,2,3,4,5,sep=",")
```

运行结果为：

```
1 2 3 4 5
1,2,3,4,5
```

第 1 行代码没有指定 sep，采用默认分隔符"空格"分隔多个输出值。第 2 行代码指定了 scp=","，所以在输出时多个值之间用逗号进行了分隔。

运行下列代码，观察运行结果，理解 print()函数中 end 参数的功能。

```
1. print("Hello")
2. print("World")
3. print("Nice to meet you",end=",")
4. print("Welcome!")
```

运行结果为：

```
Hello
World
Nice to meet you,Welcome!
```

代码第 1、2 行没有设置 end 参数，采用默认输出方式，输出"Hello"后换行，"Word"在新的一行输出。代码第 3 行 print()函数中指定了 end=","，表示输出后以逗号结尾，所以第 3、4 行的输出内容为"Nice to meet you，Welcome!"。

例 3.2   编写程序，输入百分制分数，输出对应的绩点（GPA）。（eg3_2_calGPA.py）

每个学校绩点与百分制的转换关系都不同，假设绩点与百分制的转换关系如下：

$GPA = 4 - 3 \times (100 - X)^2 / 1600$，其中 X 为百分制分数，$60 \leqslant X \leqslant 100$。

```
score =float(input("请输入百分制成绩: "))
gpa =4 -3 * ((100 -score) ** 2) / 1600
print("您的 GPA 为: ", round(gpa, 2))
```

程序第 1 行用 input()函数实现输入，并将输入值赋给变量 score。输入提示信息为""请输入百分制成绩:""。因为 input()函数返回的是字符串，所以为了后续进行数值计算，用 float()函数将字符串转换为浮点型。也可以根据需要用 eval()函数将字符串转换为数值型，或用 int()函数将字符串转换为整型。第 2 行代码实现了百分制与绩点的转换。其中"＊"表示乘法，"/"表示除法，"＊＊"表示平方。有关运算符和表达式，将在第 4 章详细讲解。第 3 行用 print()函数实现了结果输出,其中 round(gpa,2)表示对计算出的 GPA 进行四舍五入,保留小数点后两位。

本章小结

本章主要介绍了 Python 的基本语法元素,包括程序格式框架、注释、标识符、赋值语句、输入语句、输出语句。通过本章的学习,读者应能书写简单的 Python 程序。

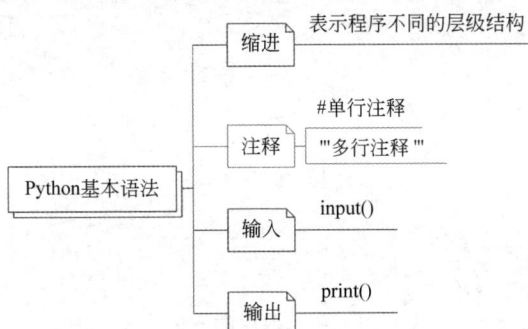

思考与练习

1. print()函数练习

(1) 输出字符串:"我来自 XX 大学 XX 学院"。

(2) 输出数字:1,5,7。

(3) 输出数字:1,5,7,中间用":"做分隔符。

(4) 执行以下两条语句,对比并解释它们的输出结果。

```
a=6
print(a)
print('a')
```

2. input()函数练习

(1) 请输入你喜欢的数字并输出。

(2) 请输入你所在的班级并输出。

第4章　用计算机语言表达想法——数值类型、运算符与表达式、内置函数与库

学习目标

(1) 掌握 Python 的数值类型及运算
(2) 掌握 Python 标准库的引入与使用方法
(3) 理解 math 库的基本使用方法
(4) 掌握使用 random 库生成随机数进行随机取样的方法
(5) 理解 turtle 库的绘图方法

4.1　数值类型

　　数据类型决定了数据在计算机中如何表示以及能够对该数据进行什么样的操作。Python 中的数据有数值类型、字符串类型、元组、列表、集合、字典等组合数据类型。Python 中的数值类型有整数、浮点数、布尔值和复数 4 种类型。Python 中可以用 type() 函数查看变量的类型。

4.1.1　整数类型

　　整数类型与数学中的整数概念一致，没有取值范围的限制。整数类型有十进制、二进制、八进制、十六进制 4 种进制表示。如 5、1000、0o765、0xA 等都是整数。默认情况下，十进制不需要增加引导符号，其他进制需要加引导符号，以表示不同的进制。如表 4-1 所示，二进制以 0b 或 0B 引导，八进制以 0o 或 0O 引导，十六进制以 0x 或 0X 引导。其中，b、o、x 大小写形式均可。

表 4-1　整数的 4 种进制表示

进 制 类 型	引 导 符 号	基　　　　数	例　　子
十进制	无引导符	0,1,2,3,4,5,6,7,8,9	678
二进制	0b 或 0B	0,1	0b1101
八进制	0O 或 0o	0,1,2,3,4,5,6,7	0o512
十六进制	0x 或 0X	0,1,2,3,4,5,6,7,8,9,字母 A～F(不区分大小写)	0x32A

　　整数类型理论上的取值范围是 $[-\infty, +\infty]$，实际取值范围受限于运行 Python 程序的

计算机内存大小。除极大数的运算外,一般认为整数类型没有取值范围的限制,Python 的运算结果默认输出的是十进制,例如:

```
>>>5+2
7
>>>0xA+0xB
21
```

整数在 python 中以字符串"int"表示其类型,例如:

```
>>>  type(5)
     <class 'int'>
```

4.1.2　浮点数类型

浮点数类型与数学中实数的概念一致,表示带有小数点的数值。浮点数在 Python 中以字符串"float"表示其类型。浮点数可以直接表示,如 0.3、−9.8,也可以用科学记数法表示,如 3.14e−2、9.6E5。科学记数法使用字母 e 或者 E 作为幂的符号,以 10 为基数,其含义是$<a>\mathrm{e}<b>=a\times10^{b}$。例如:

$$3.14\mathrm{e}-2=3.14\times10^{-2}=0.0314$$

$$9.6\mathrm{E}5=9.6\times10^{5}=960\ 000$$

Python 语言中,浮点数的数值范围和小数精度存在限制,这种限制与不同的计算机系统有关。通过 sys.float_info 命令可以查看 Python 解释器所运行系统的浮点数参数。

```
>>>  import sys
     sys.float_info
     sys.float_info(max=1.7976931348623157e+308, max_exp=1024, max_10_exp=
     308, min=2.2250738585072014e-308, min_exp=-1021, min_10_exp=-307, dig=
     15, mant_dig=53, epsilon=2.220446049250313e-16, radix=2, rounds=1)
```

max:浮点数的最大正有限值。

max_exp:最大的正整数指数。这是可以表示的最大浮点数的指数部分。

max_10_exp:最大的 10 的幂次,使得 10 的这个幂次乘以一个有限小数仍然是一个有限浮点数。

min:浮点数的最小正非零值。

min_exp:最小的负整数指数。这是可以表示的最小浮点数的指数部分。

min_10_exp:最小的 10 的幂次,使得 10 的这个幂次乘以一个有限小数仍然是一个有限浮点数。

dig:浮点数的精度,即小数点后的有效位数。

mant_dig:尾数的位数。

epsilon:机器精度。这是 1.0 和大于 1.0 的最小浮点数之间的差。

radix:浮点数的基数。通常是 2,但某些系统可能使用其他基数。

rounds:舍入模式。描述了当浮点数无法精确表示时,Python 如何舍入。它可以是以下之一:0(向零舍入)、1(最接近,如果两个舍入值等距,则向偶数舍入)、2(向正无穷大舍入)、3(向负无穷大舍入)。

上述 sys.float_info 命令显示 rounds 参数为 1,表示如果四舍五入后距离两个整数相等,则取偶数,例如:

```
>>> round(1.5)
    2
>>> round(2.5)
    2
```

思考下列表达式的运行结果:

```
>>> 0.1+0.2==0.3
    False
```

"=="表示判断左右两边是否相等,在数学中,0.1+0.2=0.3,为什么上述表达式结果为 False? 这是因为每个浮点数在计算机内部都采用二进制,有的十进制小数无法精确转换为二进制小数,只能根据系统精度近似表达。根据 sys.float_info 信息,浮点数的精度为 15位,Python 最后会输出小数点后 17 位,相差的最后 2 位不一定是准确结果,例如:

```
>>> 0.1+0.2
    0.30000000000000004
```

0.1+0.2 产生了一个 0.00000000000000004 的尾数。所以在程序中,一般不用浮点数运算结果进行比较,如果需要比较,建议使用四舍五入函数 round() 控制输出结果的位数。

4.1.3 复数类型

复数类型在科学计算中十分常见,基于复数的运算属于数学的复变函数分支,该分支有效支撑了众多科学和工程问题的数学表示和求解。Python 直接支持复数类型,为这类运算求解提供了便利。复数在 Python 中以字符串"complex"表示其类型。Python 中用 $a+bj$ 表示复数,其中 a 为实部,b 为虚部,虚部的后缀可以用 j 或 J。例如:$3+4j$、$-8.2+7J$。

复数类型中,实数部分和虚数部分的数值都是浮点类型。对于复数 z,可以用 z.real 获得实部,用 z.imag 获得虚部。例如:

```
>>> z=3+4j
>>> z.real
    3.0
>>> z.imag
    4.0
```

4.1.4 布尔类型

Python 中的布尔类型值用 True 和 False 表示(首字母大写),布尔类型是整型的子类,True 和 False 也可看作数值,True=1,False=0。布尔型在 Python 中以字符串"bool"表示其类型。

例如:

```
>>> a=True
>>> a+1
    2
>>> b=False
>>> b+1
    1
```

4.2　运算符与表达式

第 3 章计算 BMI 值时，BMI ＝ weight／(height ＊＊2)；计算 GPA 时，GPA＝4－3＊((100－score)＊＊2)/1600。这些都是用运算符连接起来的表达式，用来实现我们的算法思想。

4.2.1　运算符

运算符是实现某种运算的符号，也是构成表达式的连接符号。根据实现的功能，运算符可以分为算术运算符、复合赋值运算符、比较运算符、逻辑运算符等。

1. 算术运算符

算术运算符是指用来进行数值运算的符号，如表 4-2 所示。

表 4-2　算术运算符

操 作 符	描 述	实 例
x＋y	加法，返回 x 与 y 相加的结果	3＋2 返回 5
x－y	减法，返回 x 与 y 相减的结果	3－2 返回 1
x＊y	乘法，返回 x 与 y 相乘的结果	3＊2 返回 6
x/y	除法，返回 x 除以 y 的结果	3/2 返回 1,3.0/2 返回 1.5
x％y	模运算，返回 x 除以 y 的余数	5％3 返回 2
x＊＊y	幂运算，返回 x 的 y 次幂	3＊＊2 返回 9
x//y	取整数商，返回 x 除以 y 的整数商	5//3 返回 1
－x	x 的负值，即 x×(－1)	
＋x	x 本身	

整数可以看成浮点数没有小数的情况，浮点数可以看成复数虚部为 0 的情况，因此整数、浮点数、复数是一种逐渐扩展的情况。不同数值类型的数做运算时，其结果会转换为"更宽"的类型。例如：

```
x=3
y=5.8
z=x+y
print(type(z))
```

输出结果为"＜class 'float'＞"，x 为整型，y 为浮点型，结果 z 为二者之间较宽的浮点型。

2. 复合赋值运算符

Python 支持的复合赋值运算符如表 4-3 所示。在复合赋值运算符中，运算符与赋值符之间不能有空格。

表 4-3　复合赋值运算符

操 作 符	例 子
+=	c += a 相当于 c = c + a
-=	c -= a 相当于 c = c - a
*=	c *= a 相当于 c = c * a
/=	c /= a 相当于 c = c/a
%=	c%=a 相当于 c= c%a
**=	c**= a 相当于 c = c ** a
//=	c //= a 相当于 c = c // a

3. 比较运算符

比较运算符用来比较两个或多个值或表达式之间的关系，如表 4-4 所示。比较运算的结果为布尔型数据 True 或 False。

表 4-4　比较运算符

运 算 符	描 述	运 算 符	描 述
==	等于	<	小于
!=	不等于	>=	大于或等于
>	大于	<=	小于或等于

4. 逻辑运算符

逻辑运算是计算机科学和数学中的一种基本操作，逻辑运算主要用于控制程序的流程、进行条件判断和构建复杂的逻辑表达式。Python 中的逻辑运算符及含义如表 4-5 所示。

表 4-5　逻辑运算符

操 作 符	描 述	实 例
and	逻辑与运算符。当且仅当两个操作数为真时返回真，否则返回假	True and False 的返回结果为 False
or	逻辑或运算符。有两个操作数至少一个为真时返回真，否则返回假	True or False 的返回结果为 True
not	逻辑非运算符。用于反转操作数的逻辑状态	not True 的返回结果为 False

4.2.2　表达式

表达式是用运算符把常量、变量、函数连接起来的式子。当一个表达式中出现多种运算符号时，其运算顺序为：先算术运算，后关系运算，再逻辑运算。

例如：

```
>>>3+3>5 and 1>2
    False
>>>3+3>5 or 1>2
    True
```

4.3　内置函数与库

函数是一种可重用的代码块，用于执行特定任务。函数可以提高代码的可读性、可维护性和复用性。通过将相关代码封装在函数中，可以简化程序结构，避免重复编写相同的代码。Python 中的函数有内置函数、模块中的函数与自定义函数。

4.3.1　内置函数

内置函数是 Python 安装时自带的函数，可以用 dir(__builtins__)查看内置函数。用 help(函数名)查看函数的功能和使用方法。dir()、help()以及前面例子中用到的 input()、print()都是内置函数。除了这些，还有很多内置函数。表 4-6 是一些常用的内置函数及其功能。

表 4-6　常用的内置函数及功能说明

函　　数	功　能　说　明
abs(x)	返回 x 的绝对值或复数 x 的模
eval(s)	计算并返回字符串 s 中表达式的值
pow(x,y,z＝None)	如果有两个数，则返回 x^y，如果有 3 个参数，则返回 $x^y \% z$
max(x)	返回可迭代对象 x 中的最大值
min(x)	返回可迭代对象 x 中的最小值
divmod(x,y)	返回一个包含商和余数的元组($x//y$,$x\%y$)
round(x,[n])	对浮点数 x 进行四舍五入，精确到小数点后 n 位，省略 n 时表示 n＝0
id(x)	返回 x 的地址
type(x)	返回 x 的类型
range(start,stop[,step])	返回从 start 到 stop(不包含 stop)步长为 step 的整数序列。start 为开始的数值，默认从 0 开始；stop 为结束的数值，生成的序列不包括该值；step 为步长，默认为 1

例如：

```
>>>abs(-100)
    100
>>>eval('3+5')
    8
>>>divmod(7,4)
    (1, 3)
>>>pow(2,4)
```

```
   16
>>>pow(2,4,10)
   6
>>>round(1.86,1)
   1.9
>>>round(1.5)
   2
>>>round(2.5)
   2
```

round(1.5)、round(2.5)的结果都是 2，这是因为 round()函数取距离它最近的整数，如果两个数离它一样近，则取偶数。

下面通过例子理解 range()函数及各参数的功能，例如：

```
for i in range(1,10,2):
    print(i)
```

产生从 1 到 10(不包含 10)步长为 2 的序列，运行结果为 1 3 5 7 9。

将修改程序为：

```
for i in range(1,10):
    print(i)
```

range()函数中省略了步长参数，表示步长为默认值 1，产生 1 到 10(不包含 10)步长为 1 的序列。运行结果为 1 2 3 4 5 6 7 8 9。

将修改程序为：

```
for i in range(10):
    print(i)
```

range()函数只有一个参数，该参数表示序列结束点的值，起始值为默认值 0，步长为默认值 1，产生 0 到 10(不包含 10)步长为 1 的序列。运行结果为 0 1 2 3 4 5 6 7 8 9。

4.3.2　库

1. 模块、包、库与框架

在学习和使用 Python 的过程中，经常会看到模块、包、库和框架这些概念，它们具体代表什么呢？

模块是 Python 代码的一种组织单位，本质上就是一个 py 文件。在模块中，可以定义各种 Python 对象，如变量、函数、类等。程序中导入模块后，就能使用模块内定义的功能。例如，导入 math 模块，就可以调用其中的数学函数。

包是用于组织和管理模块的文件夹。一个标准的包中，必须包含一个名为__init__.py 的文件(在 Python 3.3 及以上版本中，这个文件不是必需的，但仍常用于初始化包的相关操作)，此外还可以包含其他模块或子包。以图 4-1 为例，Game 是一个包，它内部包含__init__.py 文件，同时还有 Sound、Image、Level 子包。其中，Sound 子包又包含 load、play、pause 模块。

库是用于解决某一特定领域问题的相关功能模块或包的集合，更强调功能性。例如，Pandas 用于数据分析，matplotlib 用于数据可视化，Requests 是处理 HTTP 请求的第三方

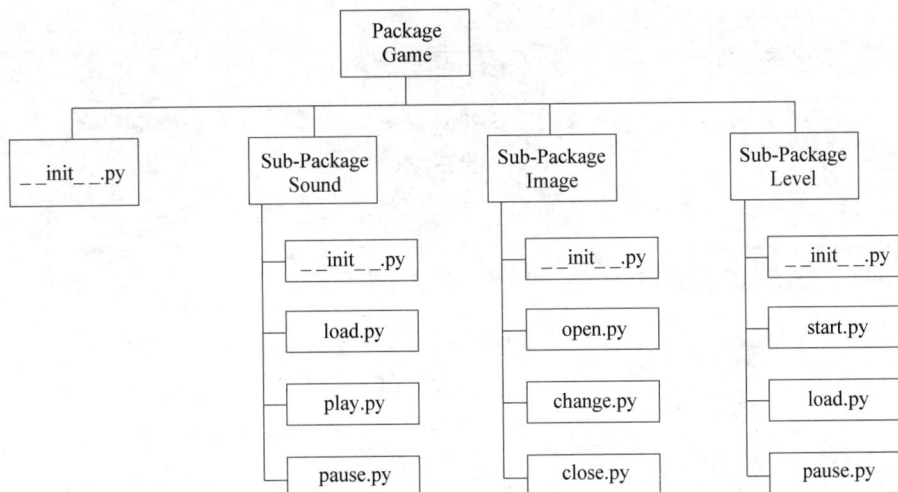

图 4-1　包与模块

库,Beautiful Soup 可以从 HTML 或 XML 文件中提取数据,PyTorch 则用于深度学习等。这些库都包含多个模块或包,以实现特定的功能。

框架是面向开发者的综合性工具集,不仅包含库,还集成了各种开发工具,旨在帮助开发者快速构建特定类型的应用。开发者可以直接调用框架中封装好的 API(应用程序编程接口)来实现功能,无须重复编写大量基础代码,从而显著提升工作效率和开发速度。例如,Django 是构建 Web 应用程序的强大框架,Flask 则是一个轻量级的 Web 开发框架。

总结来看,模块是程序组织的基本单元,包是模块的集合,库是解决特定问题的模块与包的集合,而框架是为开发者提供整体解决方案的工具集。虽然模块、包、库在概念上有所不同,但在使用方法上类似,因此在本书后续内容中,不再严格区分这几个概念,统一使用"库"这一表述。

2. 库的引用

Python 中有大量实现不同功能的库,这些库可以分为标准库和第三方库。标准库是在安装 Python 解释器时默认安装的库,如 math、random、turtle 库等,使用时直接 import 引用就可以。第三方库是由 Python 开发者编写并开源在 PyPI 平台上的文件,第三方库需要先安装再引用。二者使用区别如图 4-2 所示。

在使用库中的函数和变量之前,需要先用 import 引入,库的引用方式通常有以下 3 种。

```
#方式 1:
import <库名>
#方式 2:
from <库名>import <函数名>
#方式 3:
import <库名>as <别名>
```

方式 1:

```
import <库名>
<库名>.<函数名>(<函数参数>)
```

这种方式引入了整个模块,包括其中的变量和函数。调用时使用格式<库名>.<函数

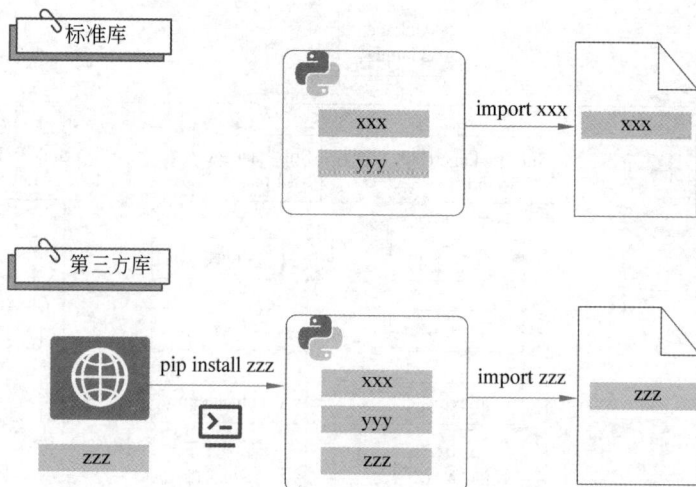

图 4-2　标准库与第三方库的引用

名＞。这种方式不会出现函数重名问题，但由于每个函数都要写明库名，因此程序代码会过于烦琐。

例如：

```
import math
math.ceil()
```

利用 import 也可以一次性引入多个库，多个库之间用逗号隔开。例如：

```
import numpy,pandas,matplotlib
```

方式 2：

```
from <库名>import <函数名>
<函数名>(<函数参数>)
```

这种方式引入了库中指定的函数或变量，在调用时只需用函数或变量的名称，不需要带库名。例如：

```
from random import uniform
a=uniform(0,1)
```

这种方式代码简单，但是在引用多个库的情况下可能会存在函数重名问题。同时引用多个函数时，函数之间用逗号隔开。

```
from pyecharts.charts import Bar, Grid, Line, Liquid, Page, Pie
```

还可以用星号"＊"引入模块中通过_all_变量指定的所有对象。例如：

```
from <库名>import *
```

方式 3：

```
import <库名>as <别名>
<别名>.<函数名>(<函数参数>)
```

这种方式引入了整个库，并给库以别名，在引用时使用别名即可。这种方式通常可以将

烦琐的库名用较为简单的字符串代替,大大简化了代码,又可以避免函数重名问题的发生。例如:

```
import matplotlib.pyplot as plt
plt.plot()
```

3. 第三方库的安装

Python 的应用领域之所以广泛,便是因为 Python 有丰富的第三方库。例如:有关数据分析的 NumPy、pandas、SciPy,有关数据可视化的 matplotlib、pyecharts,有关分词的 jieba,有关词云制作的 wordcloud,有关网站开发的 Django、Flask,有关机器学习的 Scikit-learn、Tensorflow、Pytorch,等等。第三方库是由 Python 开发者编写并开源在 PyPI 平台(https://pypi.org/)上的文件,第三方库需要先安装再引用,引用方法与标准库相同。第三方库可以在线安装,也可以离线安装。离线安装时需要先下载第三方库文件,然后按照相关说明进行安装。在线安装使用 pip 命令进行(Windows 系统使用 pip 命令,macOS 系统使用 pip3),如果安装了 Anaconda,还可以使用 conda 命令进行安装。下面介绍使用 pip 命令在线安装第三方库的方法。

1) 打开命令行界面

在 Windows 系统上打开"命令提示符"或 PowerShell。

在 macOS 或 Linux 系统上打开"终端"。

2) 使用 pip 安装库

```
pip install 库名
```

因为 PYPI 服务器在国外,所以有时安装速度会比较慢,这时可以使用国内镜像进行安装。例如:

```
pip install 库名 -i 国内镜像地址
```

常用的国内镜像地址如下。

清华大学:https://pypi.tuna.tsinghua.edu.cn/simple。

中国科学技术大学:https://pypi.mirrors.ustc.edu.cn/simple。

豆瓣:http://pypi.douban.com/simple/。

阿里云:http://mirrors.aliyun.com/pypi/simple/。

例如安装 wordcloud 词云库:

```
pip install wordcloud
```

或使用清华镜像安装 wordcloud:

```
pip install wordcloud -i https://pypi.tuna.tsinghua.edu.cn/simple
```

查看已安装的 Python 库可以在命令行界面使用:

```
pip list
```

用 dir() 命令可以查看模块中的内容:

```
>>>import math
>>>dir(math)

['__doc__', '__loader__', '__name__', '__package__', '__spec__', 'acos', '
acosh', 'asin', 'asinh', 'atan', 'atan2', 'atanh', 'cbrt', 'ceil', 'comb', '
copysign', 'cos', 'cosh', 'degrees', 'dist', 'e', 'erf', 'erfc', 'exp', 'exp2', '
expm1', 'fabs', 'factorial', 'floor', 'fmod', 'frexp', 'fsum', 'gamma', 'gcd', '
hypot', 'inf', 'isclose', 'isfinite', 'isinf', 'isnan', 'isqrt', 'lcm', 'ldexp', '
'lgamma', 'log', 'log10', 'log1p', 'log2', 'modf', 'nan', 'nextafter', 'perm', '
pi', 'pow', 'prod', 'radians', 'remainder', 'sin', 'sinh', 'sqrt', 'sumprod', '
tan', 'tanh', 'tau', 'trunc', 'ulp']
```

4.3.3　math 库的使用

math 库是 Python 内置的数学函数库。math 库提供了 4 个数学常数和 44 个函数，包括数值表示函数、幂对数函数、三角对数函数和高等特殊函数。表 4-7 所示为 math 库中的数学常数，表 4-8 所示为 math 库中的常用函数。

表 4-7　math 库中的数学常数

常　　数	描　　述
math.pi	圆周率 π 的近似值，值为 3.141592653589793
math.e	自然常数 e 的近似值，值为 2.718281828459045
math.inf	正无穷大，负无穷大为-math.inf
math.nan	浮点"非数字"（not a Number）值

表 4-8　math 库中的常用函数

函　　数	含　　义
math.pow(x,y)	返回 x 的 y 次幂
math.sqrt(x)	返回 x 的平方根
math.log(x [,base])	返回 x 的自然对数，如果提供了 base 参数，则返回 x 的以 base 为底数的对数
math.log10(x)	返回 x 的以 10 为底的对数
math.sin(x)	返回 x 的正弦值
math.cos(x)	返回 x 的余弦值
math.tan(x)	返回 x 的正切值
math.ceil(x)	返回大于或等于 x 的最小整数
math.floor(x)	返回小于或等于 x 的最大整数
math.trunc(x)	返回 x 的整数部分

例 4.1　输入半径，计算圆的面积。

圆的面积的计算方法为 $s = \pi r^2$，其中 π 可以用 math.pi 常数表示，r^2 可以用 r ＊＊2 或 pow(r,2)来实现。参考代码如下（eg4_1_calArea.py）。

```
1. import math
2. r=float(input("please input a radius"))
3. s=math.pi * math.pow(r,2)
4. print("the area of circle is %.2f"%s)
```

第1行导入 math 库,第2行输入半径并将输入的值赋值给变量 r,因为 input()函数的返回值是字符串,后续要做数值计算,所以用 float()函数进行类型转换,将输入值转换为浮点数类型。第3行实现面积计算,最后一行输出计算结果。最后一行用了"%"实现格式化输出。

"%.2f"表示这里要填一个浮点数,浮点数保留小数点后面2位。"%s"表示要填入格式化定义位置的变量。

其基本格式为:

print("%格式表达式"%要表示的内容)

例 4.2 班里同学去春游,从停车场到景点,需要坐摆渡车,每辆摆渡车10元,一辆摆渡车可以坐6人,坐不满一辆车按散客计算,每位2元,输入学生人数,输出需要坐几辆车,花费多少钱。

思路分析:假设春游人数为 n,当 n 能被6整除时,需要坐 n/6 辆车;当 n 不能被6整除时,需要 n//6+1 辆车,这两种情况可以用 math.ceil(n/6)实现。

因为满车和散客的计费方式不同,所以要先计算坐满几辆车,用 n//6 计算坐满了几辆车,这部分的费用为 fee1=n//6 * 10。然后求散客数量 n%6,这部分的费用为 fee2=n%6 * 2,总的费用为 fee1+fee2。

参考实现如下(cal4_2_calFee.py)。

```
import math
n=int(input("请输入参加春游的学生人数"))
carnum=math.ceil(n/6)
fee1=n//6 * 10
fee2=n%6 * 2
totalfee=fee1+fee2
print("共需要%d辆车,共花费%d元"%(carnum,totalfee))
```

4.3.4　random 库的使用

随机数在模拟实验、数据采样、密码学等领域中都有重要的应用。random 库是 Python 中用于生成随机数的标准库。random 库采用梅森旋转算法(Mersenne Twister)生成各种分布的伪随机数序列。random 库中的常用函数及功能如表 4-9 所示。

表 4-9　random 库中的常用函数

函　　数	描　　述
random()	生成一个[0.0,1.0)的随机小数
randint(a,b)	生成一个[a,b]的整数
uniform(a,b)	生成一个[a,b]或[a,b)的随机小数(是否包含终点 b 依赖 a+(b−a) * random()四舍五入的结果)

续表

函　　数	描　　述
randrange(start,stop[,step])	生成一个[start,stop)内以 step 为步长的随机数
seed(N)	初始化随机数生成器,可以使用固定种子来获得可重复的结果
choice(seq)	从序列 seq 中随机取一个元素
shuffle(seq)	将 seq 序列中的元素随机排列,返回打乱顺序后的序列
sample(pop,k)	从 pop 中随机选取 k 个元素,以列表类型返回

例 4.3　假设本班共有 35 个人,随机抽取一个幸运学号。

```
from random import randint
num=randint(1,35)
print(f"幸运者的学号是{num}")
```

例 4.4　为一年级小朋友生成一个 20 以内的加法器,并判断计算结果正确与否。

思路分析:

(1) 利用 randint(0,20)生成 20 以内的随机数 num1 和 num2;

(2) 输入计算结果 answer;

(3) 判断 answer 是否与 num1+num2 相等;

(4) 根据判断结果,输出计算是否正确。

参考实现如下(eg4_4_simpleCal.py)。

```
import random
num1=random.randint(0,20)
num2=random.randint(0,20)
answer=eval(input("what is "+str(num1)+"+"+str(num2)+"=?"))
if answer==num1+num2:
    print("你真棒")
else:
    print("算错了")
```

第 4 行用 eval()函数动态执行表达式字符串,并返回表达式的结果。answer==num1+num2 用来判断 answer 是否与 num1+num2 的值相等,如果相等,则输出"你真棒",否则输出"算错了"。

例 4.5　随机从名单中抽取两位同学。

```
import random
stu_list=['张三', '李四', '王五', '赵六', '小红']
stu_sel=random.sample(stu_list,2)
print(stu_sel)
```

sample(stu_list,1)用于从 stu_list 列表中随机选取两个元素。

在科学研究、算法模拟等场景,当希望其他人能够重现实验结果时,就需要设置随机数种子以确保每次运行代码时生成的随机数序列都相同。seed()函数用于指定随机数种子,随机数种子一般是一个整数,只要种子相同,每次生成的随机数序列就相同。例如:

```
import random
```

```
random.seed(100)
print(random.randint(1,100))
```

多次运行以上代码,每次运行后的输出结果都是 19。

4.3.5　turtle 绘图

turtle 是 Python 的一个标准库,它提供了一组简单的图形命令,用于绘制形状和图形。使用 turtle 库绘图首先会创建一个 turtle 对象,然后通过控制这个对象的行动来绘制各种图形。

turtle 绘图基本步骤如下:

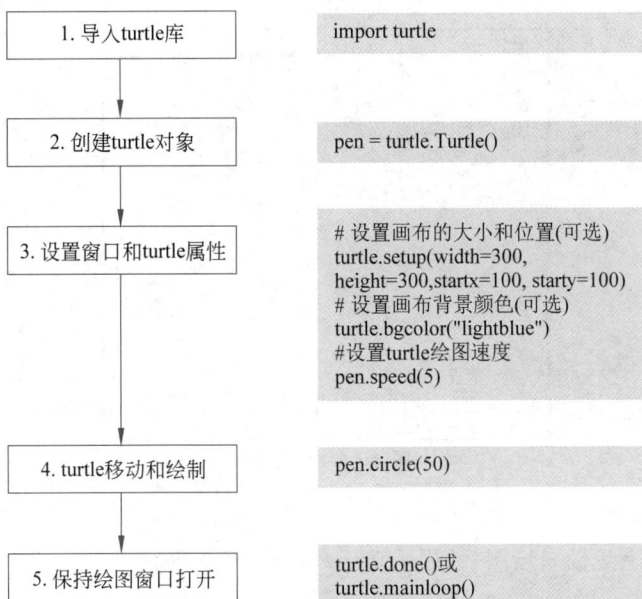

1. 导入turtle库	import turtle
2. 创建turtle对象	pen = turtle.Turtle()

3. 设置窗口和turtle属性	# 设置画布的大小和位置(可选)
	turtle.setup(width=300,
	height=300,startx=100, starty=100)
	# 设置画布背景颜色(可选)
	turtle.bgcolor("lightblue")
	#设置turtle绘图速度
	pen.speed(5)

4. turtle移动和绘制	pen.circle(50)
5. 保持绘图窗口打开	turtle.done()或 turtle.mainloop()

turtle.done()是一个简单的函数调用,用于告诉 turtle 库已经完成绘图,并保持绘图窗口打开。调用 turtle.done()函数后,窗口将不再响应任何事件,如鼠标单击或键盘输入。turtle.mainloop()函数用于进入一个事件循环,等待用户交互或其他事件的发生。在调用 turtle.mainloop()函数之后,程序会保持窗口打开,直到用户关闭窗口或发生其他终止事件。

1. 设置绘图窗口

绘图时如果不显式设置窗口的大小和位置,默认窗口大小为 400×300 像素,窗口显示在屏幕中央位置。可以用 turtle.setup()函数设置窗口的大小和位置。例如:

```
setup(width=0.5, height=0.75, startx=None, starty=None)
```

参数说明如下。
- width:窗口的宽度,可以是像素值(如 800)或屏幕比例(如 0.5 表示屏幕宽度的一半)。
- height:窗口的高度,可以是像素值或屏幕比例。
- startx:窗口左上角的 x 坐标(可选)。
- starty:窗口左上角的 y 坐标(可选)。

例如:

```
setup (width=200, height=200, startx=0, starty=0)
```

设置一个 200×200 的窗口，窗口在屏幕的左上角。

turtle.title（"标题字符串"）用于设置窗口标题，如 turtle.title("绘图练习")可设置窗口标题为"绘图练习"。例如：

```
import turtle
turtle.setup(600,500,0,0) #设置主窗口的大小为和位置(宽,高,起始 x 坐标,起始 y 坐标)
turtle.title("绘图练习") #设置窗口标题
turtle.mainloop()
```

设置了一个 600×500、标题为"绘图练习"的窗口（图 4-3）。

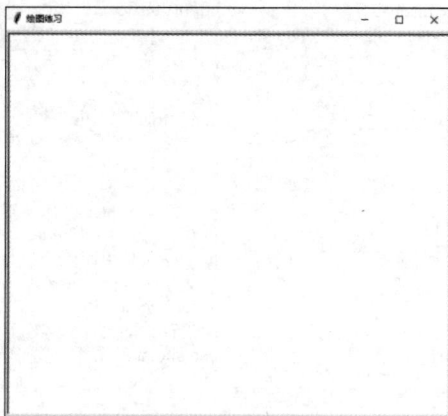

图 4-3   绘图窗口

2. 画笔运动函数

turtle 通过画笔运动来绘图，常用运动函数如表 4-10 所示。

表 4-10   常用画笔运动函数

方　　　　法	功　　　　能
forward(distance)	沿当前画笔方向移动指定距离 distance，并在移动过程中绘制线条
backward(distance)	沿当前画笔相反方向移动指定距离 distance，并在移动过程中绘制线条
right(angle)	向右（顺时针）旋转指定角度 angle
left(angle)	向左（逆时针）旋转指定角度 angle
goto(x,y＝None)	移动画笔到指定的坐标(x, y)，如果 y 参数没有指定，则默认为 0
circle(radius,extent＝None, steps＝None)	radius（半径）为正时，逆时针画圆，radius 为负时，顺时针画圆 extent：弧线所覆盖的角度，如未指定，则绘制整个圆 steps：绘制圆或弧线时，分成多少个小段进行绘制，默认为 None，自动计算
setx(x)	将画笔移动到指定的 x 坐标处
sety(y)	将画笔移动到指定的 y 坐标处

例 4.6   在 400×300 的窗口中绘制一个 100×80 的矩形，窗口标题为"矩形绘制"。

```
import turtle
#设置窗口大小和标题
```

```
turtle.setup(400, 300)
turtle.title("矩形绘制")
#创建一个 turtle 对象
t =turtle.Turtle()
#绘制矩形
t.forward(100)
t.right(90)
t.forward(80)
t.right(90)
t.forward(100)
t.right(90)
t.forward(80)
#隐藏 turtle 图标(可选)
t.hideturtle()
#结束绘制,保持窗口打开状态
turtle.done()
```

运行结果如图 4-4 所示。

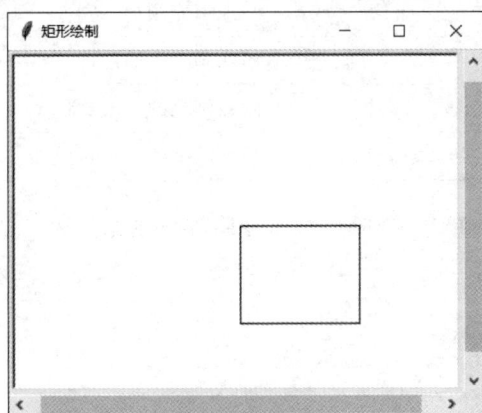

图 4-4 turtle 绘制矩形

如图 4-5 所示,默认绘图起始位置为绘图区域中心,水平方向向右为正,垂直方向向上为正。

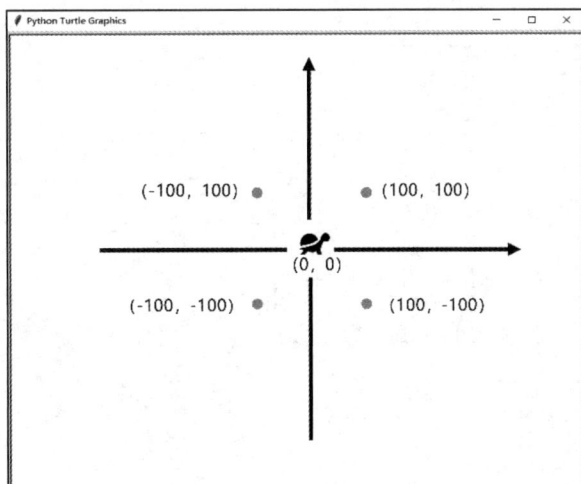

图 4-5 turtle 绘图坐标系

3. 画笔控制函数

在绘图过程中,可以对画笔的颜色、粗细等进行控制,常用的画笔控制函数如表 4-11 所示。

表 4-11 常用画笔控制函数

方　　法	功　　能
penup()	将画笔抬起,即在移动时不绘制线条
pendown()	将画笔放下
pensize()	设置画笔粗细
color()	设置画笔颜色
fillcolor()	设置填充颜色
begin_fill()	开始填充图形
end_fill()	结束填充图形
clear()	清除画布上的绘图
hideturtle()	隐藏画笔的 turtle 形状
showturtle()	显示画笔的 turtule 形状

例 4.7 修改例 4.6 的矩形为红色边框,并用红色填充。

```
import turtle
#设置窗口大小和标题
turtle.setup(400, 300)
turtle.title("矩形绘制")
#创建一个 turtle 对象
t =turtle.Turtle()
#设置画笔速度为最慢
t.speed(1)
#设置画笔颜色为红色
t.color('red')
#开始填充
t.begin_fill()

#绘制矩形
t.forward(100)
t.right(90)
t.forward(80)
t.right(90)
t.forward(100)
t.right(90)
t.forward(80)
#结束填充
t.end_fill()

#隐藏 turtle 图标(可选)
t.hideturtle()
#结束绘制,保持窗口打开状态
turtle.done()
```

speed()用于设置画笔速度,其参数为 0～10,数值越大,速度就越快,其中,0 表示最快

(fastest),10 表示快速(fast),6 表示正常速度(normal),3 表示慢速(slow),1 表示最慢速(slowest)。

begin_fill()用于表示开始填充,该函数一定要放在绘图代码前面,end_fill()用于结束填充,放在绘图结束。

color()中的颜色值可以是颜色字符串,也可以是十六进制颜色值,如 t.color('red')或 t.color('♯FF0000')。如果设置 turtle 的颜色模式为 255,还可以用(r,g,b)表示颜色,其中 r、g、b 三个值均为 0～255 的数。例如:

```
import turtle
…
turtle.colormode(255)
#创建一个 turtle 对象
t =turtle.Turtle()
…
#设置画笔颜色为红色
t.color((255,0,0))
…
```

例 4.8　用 turtle 绘制爱心(eg4_8_drawHeart.py)。

思路分析:

心形如图 4-6 所示,可以看成是由斜线和圆弧组成的,而且左右对称。

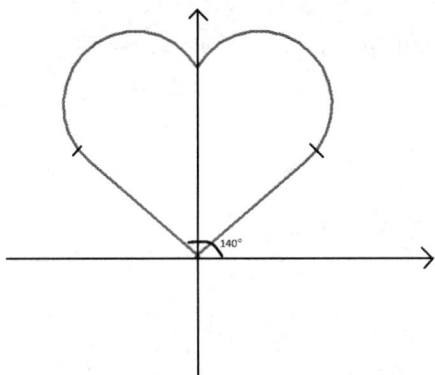

图 4-6　心形结构

以左半边为例,先将画笔左转 140°,绘制一段斜线。例如:

```
t.left(140)                                              #左转 140°
t.forward(180)
```

然后绘制一段弧线,如绘制一段半径为 90、角度为 200 的弧。例如:

```
t.circle(-90, 200)
```

因为左边的图形要顺时针绘制,所以半径要为−90。然后旋转 120°,绘制右半边的图形,参考代码如下:

```
import turtle
#设置窗口标题
turtle.title("绘制爱心")
#创建一个 turtle 对象
```

```
t =turtle.Turtle()
#设置画笔属性
t.color("red")                                      #设置画笔颜色
t.pensize(3)                                        #设置线条宽度为3
t.begin_fill()                                      #开始填充
        #绘制爱心形状
t.left(140)                                         #左转140°
t.forward(180)
t.circle(-90, 200)                                  #顺时针绘制半径为90、角度为200的弧
t.left(120)                                         #左转120°
t.circle(-90, 200)
t.forward(180)
t.end_fill()                                        #结束填充
t.hideturtle()                                      #隐藏画笔
turtle.mainloop()                                   #保持窗口打开
```

‖思考与练习

1. 下列代码的运行结果是什么?

```
print(1010)
print(0o1010)
print(0x10101)
```

2. 在 Python IDLE 的交互模式下计算下列表达式的值。

(1) 3 * 4。

(2) 301+405。

(3) 1000/12。

(4) 1000//12。

(5) 1000%12。

(6) 2 * * 10。

3. 写出下列每行代码运行后 x 的值,理解各运算符的作用。

```
x=3
x+=3
x * =2
x/=2
x//=4
x+=5
x%=4
x * * =3
```

4. 编写程序,随机选取 0 到 100 之间的一个偶数。

5. 以一年 365 天为例,假设第 1 天的能力值是 1,每天努力学习,能力值相比前 1 天提升 1‰;每天"躺平",能力值相比前一天下降 1‰。输出努力一年与"躺平"一年后的结果分别是多少? 二者相差多少?

6. 尝试用 turtle 绘制并填充五角星,写出绘制思路。

7. 尝试用 turtle 绘制五星红旗,写出绘制思路。

第 5 章 复杂逻辑实现——程序控制结构

‖学习目标

(1) 理解分支逻辑
(2) 掌握 Python 中分支结构的实现：单分支、双分支、多分支、分支嵌套
(3) 理解循环逻辑
(4) 掌握循环结构的实现
(5) 掌握 break 和 continue 语句
(6) 熟悉循环的 else 子句

程序控制结构是编程中用于控制程序执行流程的机制，它们决定了程序中语句的执行条件和顺序。基本的程序控制结构有顺序结构、分支结构和循环结构。任意复杂逻辑均可由这 3 种基本结构组合实现。

‖ 5.1 顺序结构

顺序结构是指按语句出现的先后顺序依次执行的程序结构，其逻辑如图 5-1 所示，按照语句的排列顺序从上到下逐条执行。

图 5-1 顺序结构流程图

第 4 章中的实例 4.6、4.7、4.8 均是顺序结构。

‖ 5.2 分支结构

在例 3.1 计算 BMI 值时，程序可以根据不同的 BMI 值给出不同的健康建议。像这种需要分情况处理的情况，就需要用分支结构实现。分支结构又称为选择结构，它根据条件来选择执行路径。根据分支路径的不同，有单分支结构、双分支结构和多分支结构。

5.2.1 单分支结构

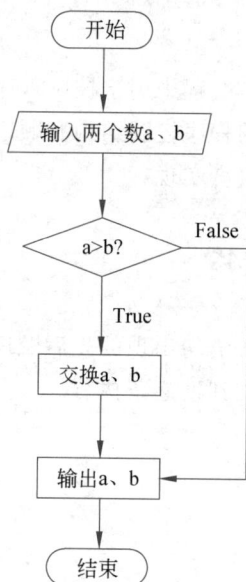

单分支结构如图 5-2 所示，条件为真时执行语句块，条件为假时不做处理。
单分支结构的语法为：

```
if 条件表达式:
    语句块
```

例 **5.1** 输入两个整数，按从小到大的顺序输出（**eg5_1_compareData.py**）。
分析思路（图 5-3）：

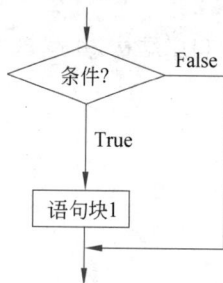

图 5-2 单分支结构　　图 5-3 数据由小到大输出流程图

参考代码：

```
a = int(input("请输入第一个数: "))
b = int(input("请输入第二个数: "))
if a>b:
    a,b=b,a
print("从小到大的顺序为: ", a, b)
```

Python 程序控制结构中的条件表达式可以是任意表达式，只要结果不是 False、0（或 0.0、0j）、空值、None、空列表、空元组、空集合、空字典、空字符串、空 range 对象或其他空迭代对象，Python 解释器均认为其与 True 等价。条件表达式判断是否相等，需要使用"＝＝"。

语句块中可以是一条语句,也可以是多条语句,多条语句的缩进必须一致。

例如使用整数作为条件表达式:

```
if 3:
    print(5)
```

输出结果为 5。

使用列表作为条件表达式,如果列表有内容,则认为条件表达式为 True;如果列表为空,则认为条件表达式为 False。例如:

```
a=[1,2,3]
if a:
    print(a)
```

输出结果为 [1,2,3]。

```
a=[]
if a:
    print(a)
else:
    print('empty')
```

输出 empty。

5.2.2　双分支结构

双分支结构如图 5-4 所示,条件表达式为真时执行语句块 1,否则执行语句块 2。

双分支结构的语法如下:

```
if 条件表达式:
    语句块 1
else:
    语句块 2
```

例 5.2　输入一个年份,判断其是不是闰年。(eg5_2_leapYear.py)

闰年的条件:年份能被 4 整除但不能被 100 整除或者能被 400 整除 。假设年份用 y 表示,则闰年的条件为 $(y\%4==0$ and $y\%100!=0)$ or $y\%400==0$。

参考代码如下:

```
y=int(input("请输入年份"))
if ((y%4==0 and y%100!=0) or y%400==0):
    print(f"{y}年是闰年")
else:
    print(f"{y}年不是闰年")
```

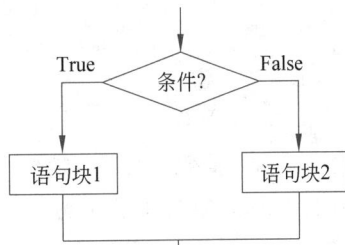

图 5-4　双分支结构

5.2.3　多分支结构

当要处理的情况多于两种时,可以用多分支结构或分支结构的嵌套来实现。多分支结构如图 5-5 所示。

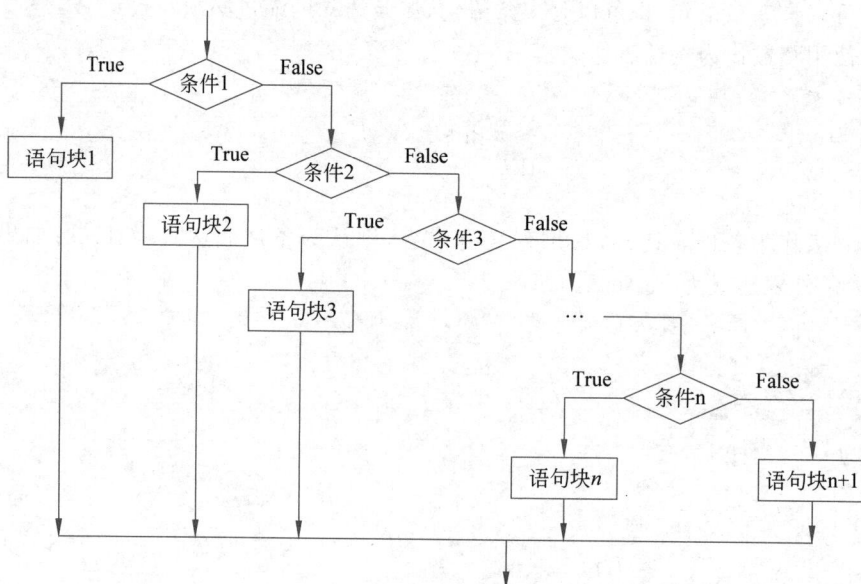

图 5-5　多分支结构

多分支结构的语法格式为：

```
if 条件表达式 1:
    语句块 1
elif 条件表达式 2:
    语句块 2
...
elif 条件表达式 n:
    语句块 n
else :
    语句块 n+1
```

例 5.3　猜数字游戏：随机产生一个数 num，用户输入一个数 guess，如果两个数相等，则输出"中奖了!"；如果 guess＜num，则输出"猜小了"；如果 guess＞num，则输出"猜大了"。（eg5_3_guessNum.py）

```
import random
num=random.randint(1,10)
guess=int(input("please guess a number"))
if guess==num:
    print("中奖了! ")
elif guess<num:
    print("猜小了")
else:
    print("猜大了")
```

第 2 行 random.randint(1,10)生成一个[1,10]的随机整数 num，第 3 行输入一个整数 guess，第 4 行判断 guess 与 num 是否相等。如果相等，则输出"中奖了!"程序结束；否则再判断 guess 是否小于 num，如果小于，则输出"猜小了"，程序结束；否则输出"猜大了"。

例 5.4　朋友们一起坐地铁出游，输入人数和要乘坐的站数，输出应支付的金额。假设地铁采用按里程计费的方式，具体收费标准如下：

- 起步价 3 元,可乘坐 6 千米。
- 6～12 千米,加收 1 元,票价为 4 元。
- 12～22 千米,再加收 1 元,票价为 5 元。
- 22～32 千米,再加收 1 元,票价为 6 元。
- 32 千米以上,均为 7 元。

思路分析如图 5-6 所示。

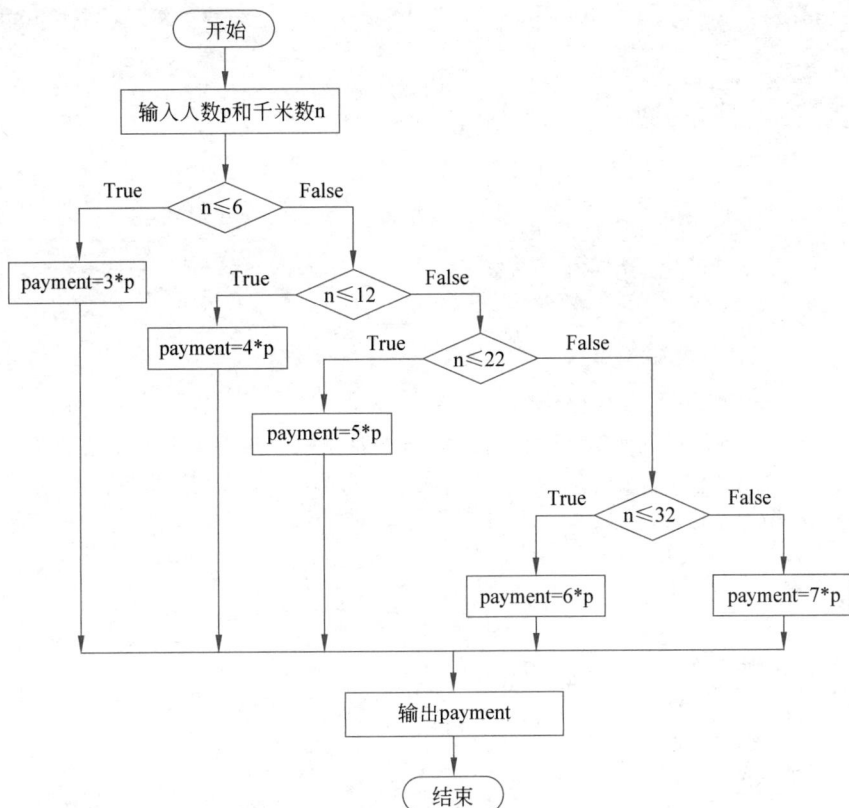

图 5-6　多分支结构费用计算

参考代码如下:

```
1.p=int(input("请输入人数"))
2.n=int(input("请输入千米数"))
3.if n<=6:
4.    payment=3 * p
5.elif n<=12:
6.    payment=4 * p
7.elif n<=22:
8.    payment=5 * p
9.elif n<=32:
10.    payment=6 * p
11.else:
12.    payment=7 * p
13.print("您应支付的金额为",payment)
```

注意代码第 13 行 print()是没有缩进的,表示它不属于最后一个 else 中的代码块,而是与 if、elif、else 这些语句是一个级别，也就是说，无论是上面哪个分支结构，运行后都会进入第 13 行的 print()进行输出。

多重分类情况也可以用分支嵌套来实现，分支嵌套是指在一个分支结构内部又存在一个分支结构。内部的分支结构可以嵌套在 if 子句下，也可以嵌套在 else 子句下。例如：

```
if 条件表达式:
    if 条件表达式:
        语句块 1
    else:
        语句块 2
else:
    语句块 3
```

或

```
if 条件表达式:
    语句块 1
else:
    if 条件表达式:
        语句块 2
    else:
        语句块 3
```

分支嵌套中的各级缩进必须正确，同一级缩进要一致。例 5.4 用分支嵌套实现如下：

```
p=int(input("请输入人数"))
n=int(input("请输入公里数"))
if n<=6:
    payment=3 * p
else:
    if n<=12:
        payment=4 * p
    else:
        if n<=22:
            payment=5 * p
        else:
            if n<=32:
                payment=6 * p
            else:
                payment=7 * p
print("您应支付的金额为",payment)
```

尽管很多情况下多分支结构与分支嵌套可以解决相同的问题，但二者在结构、逻辑和使用场景上还是有所区别的。

- 结构上：多分支结构是线性的，每个条件是独立的；而分支嵌套是层级的，条件是嵌套的。
- 逻辑上：多分支结构通常用于根据单一变量的不同值来选择不同的执行路径；分支嵌套则用于在已经满足某个条件的基础上进一步细化条件。
- 使用场景：多分支结构适用于条件较为简单且并列的情况；分支嵌套适用于条件较为复杂，需要在不同层级上进行判断的情况。

‖ 5.3　循环结构

程序代码重复做某件事的现象称为循环。在使用循环时必须弄清楚：重复做的工作是什么（循环体）；重复的条件（循环条件）是什么。

根据循环执行次数是否确定，循环可以分为确定次数循环和非确定次数循环。确定次数循环指循环条件中的循环次数有明确的定义，这类循环在 Python 中称为遍历循环，其中，循环次数由遍历结构中的元素个数确定。遍历循环采用 for...in...结构实现。非确定次数循环中循环体的执行次数不确定，通过循环条件判断是否继续执行循环体，这类循环采用 while 语句实现。

5.3.1　遍历循环

遍历循环的语法结构如下：

```
for  <循环变量> in <遍历结构>:
     <语句块>
```

遍历循环是一种确定次数的循环，其循环次数由遍历结构中的元素个数控制。遍历结构可以是数值序列、字符串、列表、文件等。语句块（循环体）是用来循环执行的语句。每次循环时，从遍历结构中取一个元素放到循环变量，并执行一次语句块。完整遍历结构中的所有元素后，循环结束（图 5-7）。

例如：

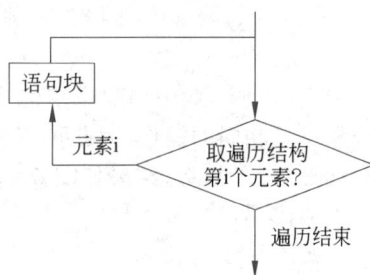

图 5-7　遍历循环结构

```
for i in range(1,10,2):
    print(i)
```

运行结果：

```
1
3
5
7
9
```

遍历结构 range(1,10,2)产生的数据序列为[1,3,5,7,9]，所以共循环 5 次，循环变量 i 每次从序列中取一个元素，所以输出为 1,3,5,7,9。

例如：

```
for i in ['a','b','c','d',1,2]:
    print("Hello")
```

运行结果：

```
Hello
Hello
Hello
```

```
Hello
Hello
Hello
```

本例中遍历结构['a','b','c','d',1,2]为包含 6 个元素的列表,所以执行 6 次循环体,共输出 6 次 Hello。本例中,我们并不关心循环变量的值,只是想要循环 6 次,这种情况也可以用下画线"_"表示循环变量。上述代码也可以写为

```
for _ in ['a','b','c','d',1,2]:
    print("Hello")
```

例 5.5　用 for 循环求 1～100 的累加和。

```
s=0
for i in range(1,101):
    s=s+i
print("和为",s)
```

本例中,s 用来保存累加和,其初始值为 0。range(1,101)产生一个 1～100 的数据序列,这个序列正好是要求和的加数。每次循环时,用上一次的累加和 s 加上当前的循环变量值。所有数字累加后,输出 s 值。第 4 行 print()语句与 for 对齐,表示循环结束后,输出 s 值,如果 print()与 s＝s+i 对齐,则表示 print()是循环体的一部分,每循环一次,便执行一次 print()语句。

例 5.6　例 4.6 中用顺序结构绘制了矩形,其实只需要绘制出矩形的一个长和宽,另外的长和宽是相同的操作,因此可以利用循环绘制矩形。利用循环绘制 660×440、填充颜色为#DE2910 的矩形,结果如图 5-8 所示。(eg5_7_drawRectangle.py)

参考代码:

```
import turtle
t=turtle.Turtle()
t.speed(1)                           #设置速度
t.penup()
t.goto(-330, 220)                    #设置起始位置
t.pendown()
t.color("#DE2910")                   #设置颜色
t.begin_fill()
for _ in range(2):
    t.forward(660)
    t.right(90)
    t.forward(440)
    t.right(90)
t.end_fill()
t.hideturtle()
turtle.done()
```

turtle 默认绘图起始位置位于窗口中心,先利用 penup()提起画笔,然后利用 t.goto(-330, 220)将画笔移到左上角(-330,220)的位置,再利用 pendown()放下画笔,准备绘图。代码第 9～13 行利用 for 循环实现了矩形的绘制。

例 5.7　利用循环绘制五角星。

思路分析:

五角星有多种绘制方法,假设以图 5-9 所示的思路绘制五角星。先绘制五角星的一条

边,然后右转 144°准备绘制另一条边,这样的操作重复 5 次,即可完成五角星的绘制。(eg5_8_drawStar.py)

图 5-8　带填充的矩形

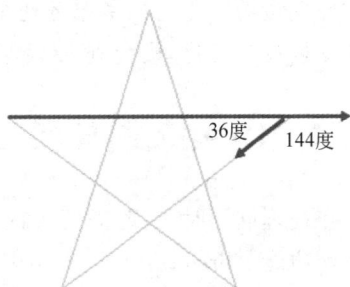

图 5-9　五角星绘制原理

参考代码如下:

```
import turtle
t=turtle.Turtle()
t.color("#FFDE00")
t.penup()
t.goto(-50, -50)                    #设置起始位置
t.pendown()
t.begin_fill()
for _ in range(5):
    t.forward(100)
    t.right(144)
t.end_fill()
t.hideturtle()
turtle.done()
```

5.3.2　条件循环

很多循环无法事先知道循环次数,如猜数字游戏,如果猜错了,则继续猜,直到猜对为止。因为无法预知几次可以猜对,所以无法使用前面的遍历循环。这种情况下,需要使用条件循环来实现。

条件循环的基本语法格式如下:

```
while <条件表达式>:
    <语句块>
```

当条件满足时,执行循环体中的语句块,条件不满足时结束循环。while 循环一般用于不确定循环次数的情况,对于循环次数确定的内容,也可以用 while 循环。例如例 5.6 实现 1~100 的累加和,用 while 循环结构的实现如下:

```
i=1                        #循环变量的初始值
s=0                        #累加的和初始值
while i<=100:
    s=s+i
    i+=1                   #循环变量变化
print("累加和为",s)
```

循环条件是 i<=100，第 1 行 i=1 为循环变量的初始值，第 5 行 i+=1 为循环变量的变化，每循环一次，循环变量加 1。在使用 while 循环时，一定要注意循环变量的初始值，以及循环变量的变化。如果循环初始值不合适，则会导致无法进入循环。如果在循环过程中循环变量没有变化，则会进入死循环，进而造成程序崩溃。

‖ 5.4 break 语句和 continue 语句

在处理问题时，有时需要提前结束循环，Python 中用 break 语句和 continue 语句可以实现此功能。break 语句用来结束所在循环，程序从循环后的代码处继续执行。continue 语句用来结束当次循环，不再执行循环体后面尚未执行的语句。

例如：

```
for i in range(1,10):
    if i==5:
        break
    print(i,end=" ")
```

程序运行结果为：

```
1 2 3 4
```

当 i=5 时，执行 break 语句，结束 for 循环，因此输出为 1 2 3 4。

将上述代码中的 break 改为 continue，再看程序运行结果：

```
for i in range(1,10):
    if i==5:
        continue
    print(i,end=" ")
```

程序运行结果为：

```
1 2 3 4 6 7 8 9
```

程序运行结果为 1 2 3 4 6 7 8 9，没有输出 5，这是因为在 i=5 时运行了 continue 语句，结束了当前循环不进行输出，接着进行下一轮循环。

例 5.8 "合抱之木，生于毫末；九层之台，起于累土；千里之行，始于足下"。一张厚度为 0.1 毫米的足够大的纸，对折多少次以后才能达到珠穆朗玛峰的高度？（eg5_10_foldPaper.py）

思路分析：

用 fThinkness 表示纸张的厚度，初始值为 0.1 毫米，即 0.0001m，每对折一次，fThinkness 变成原来的 2 倍，即 fThinkness *=2，珠穆朗玛峰的高度是 8848.86 米，当 fThinkness>8848.86 时，结束循环，但折叠多少次满足条件尚不能确定，所以本例适合用 while 循环完成（图 5-10）。

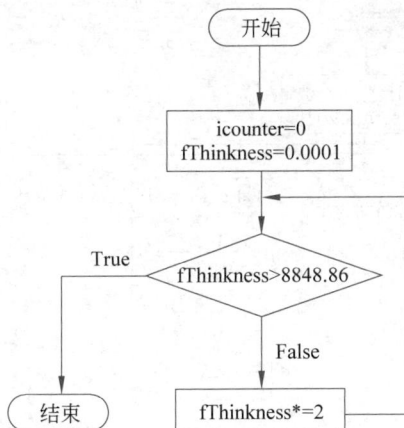

图 5-10　折纸程序流程图

参考代码：

```
icounter=0                        #对折次数初始值
pThinkness=0.0001                 #纸的厚度,单位为米
while True:
    if pThinkness>8848.86:        #超过珠峰高度就停止循环
        break
    else:
        pThinkness * =2           #对折一次厚度翻倍
        icounter+=1               #对折次数加 1
print("纸对折{: d}次后的厚度为{: .2f}米,超过了珠穆朗玛峰的高度".format(icounter,
pThinkness))
```

第 3 行代码 while True 是一个无限循环语句,意味着它会一直执行,直到遇到一个 break 语句或者程序被外部中断。在本例中,当 pThinkness>8848.86 时,执行 break 语句,循环结束。while Ture 结构的循环一定要有 break 语句,否则会陷入死循环。

例 5.9　猜数字游戏:随机生成 1～10 的一个整数,根据猜测结果,输出"猜大了""猜小了"或"猜中了"。当猜中了,或输入 0,或猜测超过 5 次时,退出游戏。(eg5_11_guessNum2.py)

思路分析(图 5-11):

参考代码如下:

```
import random
num = random.randint(1, 10)
print(num)
i = 0
while i < 5:
    guess = int(input("请输入你猜测的数字"))
    i += 1
    if guess==num:
        print("猜中了")
        break
    elif guess > num:
        print("猜大了")
    else:
        print("猜小了")
```

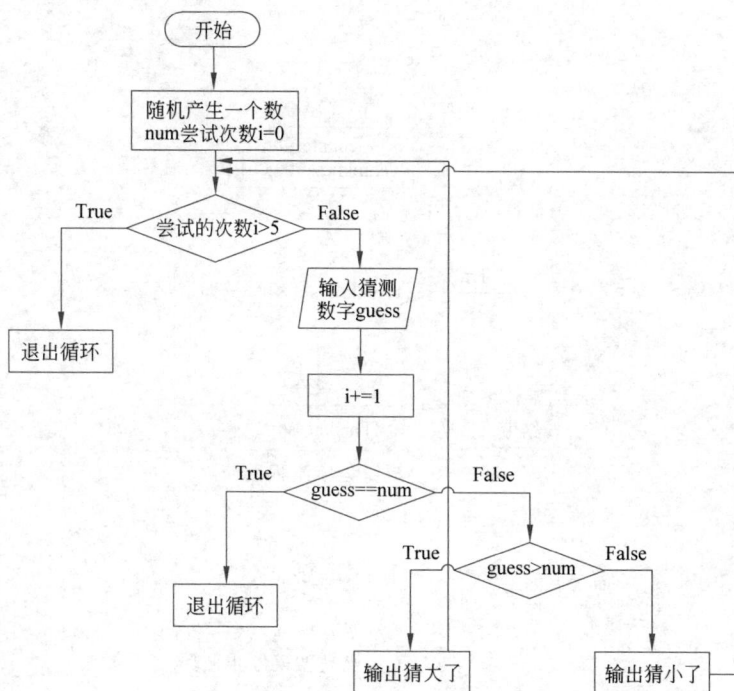

图 5-11　猜数字流程图

循环初始条件为 i＝0,循环条件为 i＝5,每输入一次,循环条件变为 i＋＝1,当 guess＝＝num 时,执行 break 语句,直接跳出循环。

5.5　循环嵌套

循环嵌套是指在一个循环中又包含另一个完整的循环,即循环体中又包含循环结构。while 循环和 for 循环可以相互嵌套。

例如:

```
for i in range(1,4):
    for j in range(1,3):
        print(f"i={i},j={j}")
```

运行结果为:

```
i=1,j=1
i=1,j=2
i=2,j=1
i=2,j=2
i=3,j=1
i=3,j=2
```

嵌套循环的执行过程是一轮外循环对应完整的一轮内循环。由运行结果可以看到,当外循环变量 i＝1 时,内循环执行了 2 次,j＝1,j＝2。

例 5.10　利用嵌套循环打印图 5-12 所示的九九乘法表。（eg5_12_multiplication.py）

思路分析:

用 i 控制行,j 控制列,i 的变化范围是 1～9,j 的变化范围是 1～i。

```
1*1=1
1*2=2    2*2=4
1*3=3    2*3=6    3*3=9
1*4=4    2*4=8    3*4=12   4*4=16
1*5=5    2*5=10   3*5=15   4*5=20   5*5=25
1*6=6    2*6=12   3*6=18   4*6=24   5*6=30   6*6=36
1*7=7    2*7=14   3*7=21   4*7=28   5*7=35   6*7=42   7*7=49
1*8=8    2*8=16   3*8=24   4*8=32   5*8=40   6*8=48   7*8=56   8*8=64
1*9=9    2*9=18   3*9=27   4*9=36   5*9=45   6*9=54   7*9=63   8*9=72   9*9=81
```

图 5-12　九九乘法表

参考代码如下：

```
for i in range(1,10):
    for j in range(1,i+1):
        print(j,"*",i,"=",j*i,end="\t",sep="")
    print()
```

第 3 行 print(j," * ",i,"=",j * i,end="\t",sep="")中的 sep=""表示输出各项之间没有空格，end="\t"表示输出结束用制表符。因为每行打印完后要换行，所以在第 4 行加了一个 print()语句，以实现一行结束后的换行。

‖ 5.6　循环的 else 子句

在 Python 中，while 循环和 for 循环都可以带 else 子句。例如：

```
while <条件表达式>:
    <语句块>
else:
    <else 子句>
```

或

```
for <循环变量> in <遍历结构>:
    <语句块>
else:
    <else 子句>
```

循环条件正常结束时执行 else 子句，如果循环执行了 break 语句而导致循环提前结束，则不执行 else 中的语句。

例 5.11　输出 100 以内的最大素数。（eg5_13_maxPrime.py）

思路分析：

素数指在大于 1 的整数中只能被 1 和它本身整除的数。判断一个数是不是素数有很多方法，最直接的想法是可以用这个数依次除以比它小的整数，只要有一个数能整除，则这个数就不是素数，否则这个数是素数。要输出 100 以内的最大素数，所以循环遍历可以从 100 开始，依次递减去寻找最大素数。

参考代码如下：

```
#i是要判断的数,j是除数
for i in range(100,1,-1):
    for j in range(2,i):
```

```
        if i%j==0:
            break              #跳出内层循环
    else:
        print("最大的素数为",i)
        break                  #跳出外层循环
```

其中，else 与内层 for 循环对齐是内循环的 else 子句，当内层 for 循环没有执行 break 语句而正常结束时，执行该 else 子句。假设外循环 i＝5，此时 j 可遍历的值是[2,3,4]、5％2、5％3、5％4，它们均不为 0，因此不执行第 5 行的 break 语句，此时内循环结束，执行 else 子句。假设 i＝4，此时 j 可遍历的值是[2,3]，因为 4％2＝0，于是执行第 5 行的 break 子句，进而退出内循环。因为内循环不是正常结束的，所以不执行 else 子句。第 5 行 break 语句结束的是内循环，第 8 行 break 语句结束的是外循环。

本章小结

本章主要讲解了程序控制结构，包括顺序结构、分支结构和循环结构。

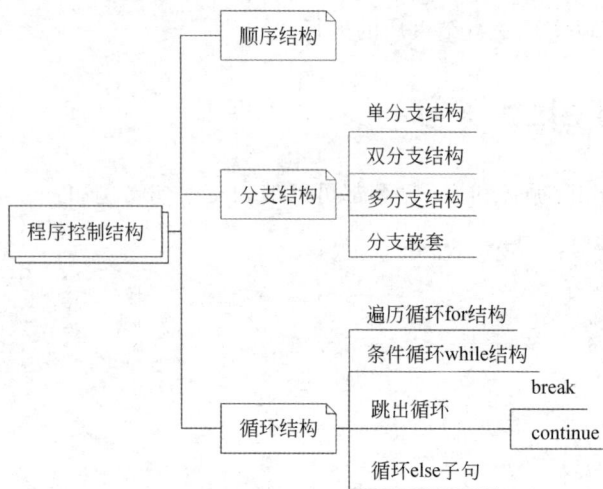

思考与练习

1. 口算题挑战：随机生成 20 以内的加法，如果算错了则继续算，直到算对为止。输入 －1，则结束挑战。

2. 在第 1 题的基础上实现如果算对了，则继续出题。

3. 输入百分制成绩，输出相应的等级。

4. 某淘宝店的商品在进行打折销售，购买 1 件商品不打折，购买 5 件及以上时打 8 折，购买 8 件及以上时打 7 折，购买 10 件及以上时打 5 折，购买 15 件及以上时打 3 折。每件商品单价 3 元，假设顾客购买的商品数量通过 input() 函数输入，编程计算该顾客所需支付的总价。

5. 了解五星红旗的规制，利用 turtle 和程序控制结构绘制五星红旗。

第 6 章 代码复用——函数与模块

学习目标

(1) 理解函数的功能
(2) 掌握函数的定义与调用
(3) 理解函数的形参与实参
(4) 理解递归函数的原理
(5) 熟悉 lambda()、map()、zip()函数的用法

6.1 函数的基本使用

6.1.1 函数基本概念

函数是一段组织好的可重复使用的代码块,用于执行特定任务或计算。它是对实现一定逻辑功能的程序的封装和抽象。使用函数可以分解复杂问题,降低编程难度和代码复用。利用函数,可以将一个复杂的大问题分解成一系列易解决的小问题,每个小问题用一个函数实现,当各个小问题都解决了,大问题也就迎刃而解了。创建实现相关功能的函数,当有同类需求时,通过函数名调用函数即可,不用每次重写代码。

根据函数的来源,函数可以分为内置函数、标准库函数、第三方库函数和自定义函数,如图 6-1 所示。本节讲解自定义函数的定义与调用。

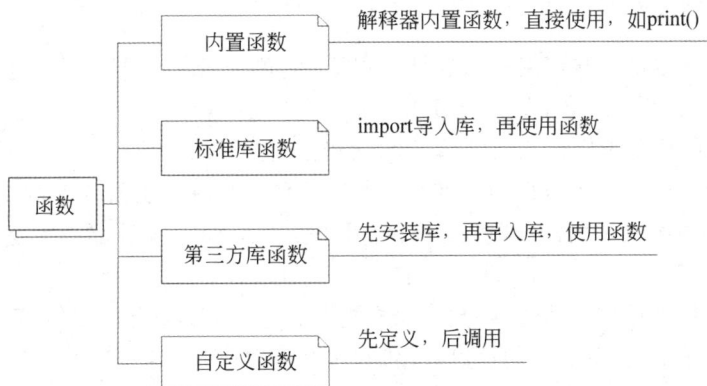

图 6-1 函数分类

内置函数是 Python 解释器内置的函数，如 input()、print()、int()、float()、len()、max()等，使用时直接调用即可。标准库函数是 Python 标准库中的函数，如前面章节介绍的 math 库中的 ceil()、floor()函数，以及 random 库中的 randint()、random()函数等。这类函数在使用前一定要先用 import 导入相关库，才能使用其中的函数。例如：

```
import math
c=math.ceil(5.6)
print(c)
```

第三方库函数是第三方库提供的函数，要使用这类函数，需先安装第三方库，然后import 导入第三方库，才能使用相关函数。例如，要使用 jieba 库中的 lcut()函数分词，则需要进行以下操作。

（1）安装 jieba 库：

```
pip install jieba
```

（2）导入库：

```
import jieba
```

（3）利用 jieba 进行分词：

```
words=jieba.lcut(txt)
```

自定义函数需要先定义、后调用，Python 使用 def 保留字自定义函数，其语法格式如下：

```
def 函数名(形参(0个或多个)]):
    函数体
    return [返回值列表]
```

函数名要符合 Python 标识符定义规范。

（1）函数名可由字母、数字和下画线组成，但不能以数字开头。例如，my_function 和func123 是有效的函数名，而 1func 是无效的函数名。

（2）函数名区分大小写。my_function 和 My_Function 是不同的函数名。

（3）不能使用 Python 保留字（关键字）作为函数名。例如，if、else、while 等不能作为函数名。

（4）函数名应尽量简洁且具有描述性，以便于阅读和理解代码。通常建议使用小写字母和下画线的组合，例如建议使用 word_list 而不是 wl。

（5）函数名的长度不应过长，且应足够清楚地描述函数的功能。

形参可以有 0 个或多个，没有形参时，函数名后的括号"()"也需要保留。多个形参之间用逗号隔开。函数定义里面的括号、逗号、冒号以及其他标点符号都必须是半角状态下的符号。

return 语句用来传递返回值，函数可以有返回值，也可以没有返回值，还可以有多个返回值。没有返回值时，return 语句可以省略；有多个返回值时，多个返回值之间用逗号隔开。

函数调用的语法格式如下：

```
函数名(实参(0个或多个))
```

例 6.1　编写一个函数，实现 BMI 计算。（eg6_1_calBMI.py）

```
#函数定义
def calculate_bmi(weight, height):
    bmi =weight / (height * * 2)
    return bmi
#函数调用
print("BMI 为{: .2f}".format(calculate_bmi(65,1.7)))
```

6.1.2　函数返回值

return 语句用来传递返回值。函数可以有返回值，也可以没有返回值。没有 return 语句的函数会在执行完函数体最后一条语句后自动返回 None。当返回值有多个时，中间用逗号隔开（实际为元组），返回结果可按顺序赋值给多个变量。函数返回值可以赋值给变量、作为表达式的一部分、作为函数的参数。例如：

```
1. def add_two_numbers(num1, num2):
2.     result =num1 +num2
3.     return result
4. print(add_two_numbers(5, 3))
```

程序输出结果为 8。去掉上述代码第 3 行，再次运行程序，输出结果为 None。这是因为去掉 return 语句之后，函数没有明确的返回值，默认自动返回 None。

在使用内置函数或库函数时，也要注意函数是否有返回值，以及返回值是什么。例如：

```
ls=[1,3,5,8,2,6,7]
a=ls.remove(3)
print("remove 方法删除的数字是",a)
```

程序运行结果是：

```
remove 方法删除的数字是 None
```

ls.remove(3)删除了元素 3，因为 remove()函数没有返回值，因此在将其赋值给变量 a 时，变量 a 的内容为 None。

例如：

```
ls=[1,3,5,8,2,6,7]
b=ls.pop(3)
print("pop 方法删除的数字是",b)
```

程序运行结果是：

```
pop 方法删除的数字是 8
```

b=ls.pop(3)删除了索引为 3 的元素 8，pop()函数的返回值是删除的元素，所以 b 的值为 8。

6.1.3　函数的形参与实参

函数定义中的参数为形式参数。形式参数只代表参数的个数、顺序与类型。形参只能是变量名，不能是常量或表达式。可以没有形参，也可以有多个形参，多个形参用逗号进行分隔。函数调用时的参数为实际参数。实际参数要有确定的值，可以是常量、变量、表达式、函数等。

Python 不限制函数的参数类型，可以利用 Python 的多态性写出多用途的函数，但必须保证函数内可以正确处理。例如：

```
1. def func(a,b):
2.     return a * b
3. print(func(3,2))
4. print(func('a',3))
5. print(func('a','b'))
```

函数 func()定义了参数 a、b 之间的"＊"运算。在 Python 中，"＊"用于两个数值之间，表示乘法运算，如代码第 3 行 func(3,2)实现 3×2 运算，输出结果 6。如果"＊"运行在字符串与数字之间，则表示重复 n 次字符串，如代码第 4 行，func('a',3)表示重复 3 次字符 a，输出结果为'aaa'。"＊"不能用于两个字符串之间，因此代码第 5 行会报错（TypeError：can't multiply sequence by non-int of type 'str'）。

1. 关键字参数

函数调用时，参数可以按照位置或关键字方式传递。按位置调用时（位置参数），实参的个数、顺序应与形参保持一致。如果采用关键字方式调用，则可不考虑顺序。例如：

```
def func(name,age):
    print(name+" is "+str(age)+" years old")
func('Mary',18)                 #位置参数
func(name='Tom',age=19)         #关键字参数
func(age=20,name='Jane')        #关键字参数
```

func('Mary',18)中的实参为位置参数，实参一一对应地传递给形参，'Mary'传递给 name，18 传递给 age。输出为 Mary is 18 years old。

func(name='Tom',age=19)中实参为关键字参数，name='Tom'，将'Tom'传递给参数 name，age=19 将 19 传递给参数 age。输出为 Tom is 19 years old。

因为关键字参数明确了参数和值之间的关系，所以在调用时可以不考虑参数的位置顺序。如：func(age=20,name='Jane')的输出结果为：Jane is 20 years old。

函数调用时，位置参数和关键字参数可以混在一起使用，但位置参数不能出现在任何关键字参数之后。

例如，定义函数：

```
def introduce(name,age,matto):
    print('我叫{},今年{}岁,我的座右铭是{}'.format(name,age,matto))
```

如：

```
introduce(name='小明',18,'奋斗是青春最亮丽的底色,行动是青年最有效的磨砺。有责任有
担当,青春才会闪光。')
```

函数调用采用了位置参数与关键字参数混用的方式，但将关键字参数放在了位置参数之前，因此程序报错（SyntaxError：positional argument follows keyword argument）。

2. 默认值参数

可以在函数定义时直接给参数赋值，这种参数称为默认值参数。如果一个函数既有位

置参数,又有默认值参数,则必须保证形参列表中位置参数在前,默认值参数在后。调用函数时,如果未给出默认值参数的实参,则按默认值处理。例如:

```
def func(name,age=18):
    print(name+" is "+str(age)+" years old")
func('Mary')
func('Tom',age=19)
```

func(name,age=18)函数有两个参数 name 和 age,age 为默认值参数,其默认值为 18。函数调用 func('Mary')只有一个实参,没有给出 age 的值,则采用 age 的默认值 18,输出结果为 Mary is 18 years old。func('Tom',age=19)给了 age 值,则采用实参给定的 19,输出结果为 Tom is 19 years old。

思考: 下列代码的运行结果是什么?

```
def f(x,y=1,z=2):
    return x+y+z
print(f(1,1,1))
print(f(y=1,x=2,z=3))
print(f(1,z=3))
```

def f(x,y=1,z=2)函数定义中的参数 y、z 为默认值参数。第 3 行 f(1,1,1)实参为位置参数,分别把 1、1、1 传递给 x、y、z,因此结果为 1+1+1=3。f(y=1,x=2,z=3)采用关键词参数调用,指定了 y=1,x=2,z=3,因此结果为 2+1+3=6。f(1,z=3)为位置参数、关键字参数及默认值参数的混合应用,f(1,z=3),1 为位置参数,传递给第 1 个形参 x,z 为关键字参数 z=3,y 没有给出,采用默认值 1,所以结果为 1+1+3=5。

3. 可变长参数

在使用内置函数或第三方库函数时,经常看到有的函数参数前有"*",如 print()函数 print(*args, sep='', end='\n', file=None, flush=False),*arg 表示可变长参数,即此处的值可以是一个或多个,如定义一个函数以实现任意多个数的求和,定义一个函数实现输出人名及对应兴趣的信息(每个人的兴趣多少都不一样)。面对这种函数参数个数不确定的情况,就可以使用可变参数。可变长参数既可以作为实参,也可以作为形参。可变长度参数主要有两种形式:在参数名前加"*"或"**"。

- *parameter:可变长位置参数,用来接收多个位置参数并将其放在一个元组中。
- **parameter:可变长关键字参数,用来接收多个关键字参数并存放到字典中。

可变长度参数允许用户提供任意数量的参数,调用带"*"的参数用于收集多余的值。例如:

```
def func(x, * y):
    print(f"x={x},y={y}")
func(1,2,3,4,5)
```

输出结果为:

```
x=1,y=(2, 3, 4, 5)
```

func(1,2,3,4,5)调用函数时,1 传递给第 1 个参数 x,剩下的 2、3、4、5 传递给*y,所以 y 的值为(2, 3, 4, 5)。

若带"*"的参数不在参数列表的最后,则"*"参数后的参数需要使用关键字参数调用。

例如：

```
def func(x, * y, z):
    print(f"x={x},y={y},z={z}")
func(1,2,3,4,z=5)
```

func(1,2,3,4,z=5)调用函数时,1传递给第1个参数x,5传递给z,剩下的2、3、4传递给 * y,所以 y 的值为(2,3,4)。

"* *"用于收集关键字参数,例如：

```
def func( * * args):
    print(args)
func(x=1,y=2,z=3)
```

输出结果为：

```
{'x': 1, 'y': 2, 'z': 3}
```

如果实参前有"*",则在实际调用时会将其解包,然后传递给多个单变量形参。例如：

```
def add(x,y):
    return x+y
params=(1,2)
add( * params)
```

add(* params)会将 params 的元组(1,2)解包,分别传递给 x 和 y。

如果函数实参是字典,则可以在前面加"* *"进行解包,等价于关键参数。例如：

```
def hello(greeting,name):
    print(f'Hi,{name},{greeting}')
params={'greeting': 'Nice to meet you!','name': 'John'}
#函数调用
hello( * * params)
```

hello(* * params)相当于 greeting='Nice to meet you! '以及 name='John'调用函数。

6.1.4 变量的作用域

变量的作用域是指变量起作用的范围。如果超出变量作用域,则访问该变量时就会出现错误。不同作用域内变量的变量名可以相同,互不影响。根据作用域的不同,程序中的变量分为全局变量和局部变量。

- 全局变量：在函数之外定义的变量,一般没有缩进,在程序执行全过程有效。
- 局部变量：在函数内部使用的变量,仅在函数内有效,当函数退出时,变量将不存在。

局部变量的引用速度比全局变量快,应优先考虑使用局部变量。

例6.2 运行下列程序,分析程序出错的原因。(eg6_2_变量作用域1.py)

```
a=1
def func():
    b=a+2
    print("innner funciton a=",a)
    print("innner funciton b=",b)
#调用函数
```

```
func()
print("outer function a=",a)
print("outer function b=",b)
```

程序运行结果为：

```
innner funciton a=1
innner funciton b=3
outer function a=1
NameError: name 'b' is not defined
```

变量 a 在函数外定义，是全局变量，所以第 4 行 print("innner funciton a＝",a)在函数内部可输出 a，第 8 行 print("outer function a＝",a)在函数外部也可输出 a。变量 b 在函数内部定义，是局部变量，其作用范围是函数内，函数运行结束后，变量即释放，因此当第 9 行 print("outer function b＝",b)在函数外部输出时，会报错(name 'b' is not defined)，表示变量 b 没有定义。

如果要在函数外访问变量 b，可以在变量 b 添加 global 保留字，将该变量显式声明为全局变量。

修改例 6.2 代码如下，程序即可正常运行。

```
a=1
def func():
    global b
    b=b+2
    print("innner funciton a=",a)
    print("innner funciton b=",b)
#调用函数
func()
print("outer function a=",a)
print("outer function b=",b)
```

第 3 行在函数内部声明了全局变量 b，所以在函数外执行 print("outer function b＝",b)语句也可以正常输出变量 b 的值。

如果局部变量与全局变量具有相同的名字，那么在局部变量作用域内会隐藏同名的全局变量。例如：

```
def demo(x):
    x=3
    print("函数内 x",x)
x=5
demo(x)
print("函数外 x",x)
```

函数外定义了 x＝5，demo(x)将 5 传入函数，但函数内部有同名参数 x，在函数运行时会隐藏同名全局变量 x，使用局部变量 x＝3，因此函数内的 print("函数内 x",x)输出的是 3。最后一行的 print("函数外 x",x)是函数执行后的语句，输出的全局变量 x 的值为 5。

例 6.3　运行下列代码，比较有无 global s 语句时的输出结果，理解局部变量与全局变量。(eg6_3_变量作用域 2.py)

```
n,s=5,10 #全局变量
def fact(n):
```

```
    global s
    s=1
    #用循环实现阶乘
    for i in range(1,n+1):
        s*=i
    print("函数内 s",s)
    return s
fact(n)#函数调用
print("函数外 s",s)
```

运行结果：

无 global s	有 global s
函数内 s 120 函数外 s 10	函数内 s 120 函数外 s 120

无 global s 时，变量 s=1 为局部变量，函数中利用循环实现了 5!的计算，因此函数内的 s 值为 120。print("函数外 s",s)语句在函数外面，输出的是全局变量 s 的值 10。

有 global s 时，变量 s 为全局变量，函数中 s 的变化即是对全局变量 s 的修改，s=1 将全局变量 s 赋值为 1，循环完成后，全局变量 s 的值为 5!=120，因此函数内外的输出均为 120。

6.2 递归函数

函数作为一种代码封装，它既可以被其他程序调用，也可以被函数内部代码调用，这种在函数定义中调用函数本身的方式称为递归。递归函数有两个关键特征：存在一个或多个基例，基例是确定的表达式；所有递归链都要以一个或多个基例结尾。

默认情况下，当递归调用到 1000 层时，Python 解释器将终止程序。当用户编写的正确递归程序需要超过 1000 层时，可以通过如下代码设定：

```
import sys
sys.setrecursionlimit(n)
```

n 为设定的递归层数。

例 6.4　输出 Fibonacci(斐波那契)数列的前 n 项。（eg6_4_Fibonacci.py）

斐波那契(Fibonacci)数列又称为兔子数列或黄金分割数列，它是由意大利人斐波那契发现的，在现代物理、准晶体结构、化学、艺术、建筑、自然、计算机科学等领域有着广泛的应用。Fibonacci 数列指这样一个数列：1,1,2,3,5,8,13,21,…。在这个数列中，每个数字的值都等于它前面两个数字的和。在数学上，这一数列可以这样定义：$F(1)=1,F(2)=1,F(n)=F(n-1)+F(n-2)(n>2,n\in N^*)$。

参考代码如下：

```
1. def fibonacci(n):
2.     if n<=0:
3.         raise ValueError("输入值需为正整数")
4.     elif n<=2:
```

```
5.        return 1
6.    else:
7.        return fibonacci(n-1) +fibonacci(n-2)
```

本例用递归实现了 Fibonacci 数列第 n 项的求解,代码第 7 行调用了函数本身,是递归过程,第 4、5 行描述了递归函数的基例,当 0＜n≤2 时,不再递归调用,返回值 1。递归函数运行过程中逐层调用,当基例结束运算并返回值时,各函数逐层结束运算,向调用者返回计算结果。以 Fibonacci(5)为例,函数的执行过程如图 6-2 所示。

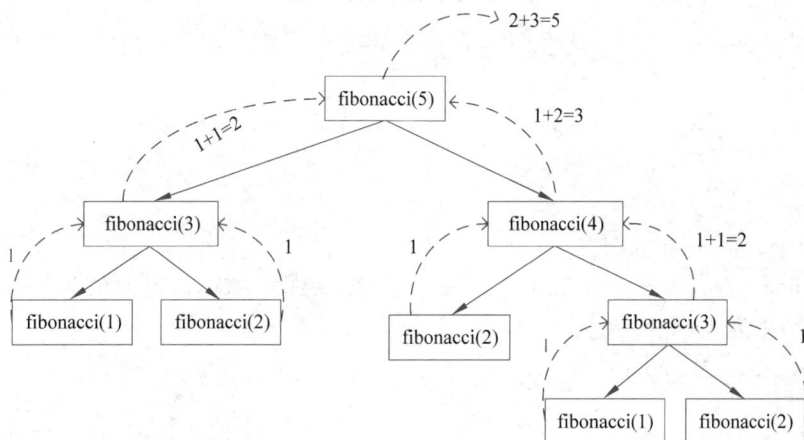

图 6-2　Fibonacci 函数递归调用过程

‖ 6.3　常用内置函数

6.3.1　lambda()函数

lambda()函数是一种匿名函数,即没有名字的函数。lambda()函数用于定义简单且能够在一行表示的函数,尤其适合需要一个函数作为另一个函数的参数的场合。其语法格式如下:

```
<函数名>=lambda <参数列表>:<表达式>
```

等价于

```
def <函数名>(<参数列表>):
    return <表达式>
```

例如:

```
>>>f=lambda x: x+5
>>>f(1)
    6
```

等价于

```
def f(x):
    return x+5
f(1)
```

lambda()函数可以作为其他函数的参数,例如:

```
words_list=[('孔明', 1365), ('曹操', 1419), ('关羽', 778), ('张飞', 348), ('刘备', 1203)]
words_list.sort(key=lambda x: x[1], reverse=True)
print(words_list)
```

排序关键字 key 由 lambda()函数指定。lambda x：x[1]表示返回 x 中索引为 1 的元素,列表中的每一项是一个元组,如('孔明', 1365),其中第 1 个元素为词频,因此 key=lambda x：x[1]表示以词频为排序关键词。输出结果为

```
[('曹操', 1419), ('孔明', 1365), ('刘备', 1203), ('关羽', 778), ('张飞', 348)]
```

思考:

```
>>>    f=lambda x,y,z: x+y+z
>>>    f(1,2,3)
       6
```

f=lambda x,y,z:x+y+z 表示 lambda()函数参数为 x,y,z,返回值为 x+y+z,所以 f(1,2,3)的结果为 1+2+3=6。

```
>>>    f=lambda x,y,z: x+y+z
>>>    f(1,2,3)
       6
>>>    g=lambda x,y=2,z=3: x+y+z
>>>    g(1)
       6
>>>    g(2,z=4,y=5)
       11
```

g(1)表示 x=1,y=2,z=3,所以结果为 1+2+3=6。

g(2,z=4,y=5)表示 x=2,y=5,z=4,所以结果为 2+5+4=11。

lambda()函数只可以包含一个表达式,该表达式的计算结果可以看作函数的返回值。lambda()函数不允许包含复合语句,但在表达式中可以调用其他函数。

6.3.2　map()函数

map(func, *iterables)函数是 Python 的内置函数,用于将 func 应用于 iterables 中的每个元素,并返回一个包含结果的迭代器。func 是要应用的函数,iterables 是要处理的序列。例如:

```
1.  numbers=[1,2,3,4,5]
2.  def doubler(n):
3.      return n*2
4.  result=map(doubler,numbers)
5.  print(result)
6.  print(list(result))
```

运行结果为：

```
<map object at 0x00000185C6DCF8B0>
[2, 4, 6, 8, 10]
```

代码第 4 行 map(doubler,numbers)表示将 doubler()函数应用于 numbers 列表中的每个元素，即对 numbers 中的每个数字做乘以 2 操作。因此，result 中的元素为[2,4,6,8,10]。map()函数返回的是 map 对象，所以第 5 行的运行结果为＜map object at 0x00000185C6DCF8B0＞,代码第 6 行将 map 对象转换为列表形式输出，结果为[2，4，6，8，10]。

例如：

```
list(map(lambda x: x * 2,[1, 2, 3]))
```

map()函数的第一个参数为 lambda x:x * 2,第二个参数为[1,2,3],表示将 lambda()函数用于[1,2,3]列表,lambda()函数的功能是返回每个元素乘以 2 的结果,所以上述代码的结果是[2,4,6]。

例如：

```
list1 =[1, 2, 3]
list2 =[4, 5, 6,7,9]
result =map(lambda x, y: x + y, list1, list2)
print(list(result))
```

运行结果是：

```
[5, 7, 9]
```

map()函数的 func 参数为 lambda()函数,迭代对象为 list1 和 list2。map()函数将 lambda()函数应用于 list1 和 list2 的对应项中。lambda()函数接收两个参数 x 和 y,并返回 x+y 的结果。所以 map()函数实现了 list1 和 list2 中对应元素的相加。当使用多个可迭代对象时,map()函数会停止在最短的可迭代对象耗尽时,较长迭代对象的剩余项将被忽略,所以上面实例进行的运算是 1＋4、2＋5、3＋6、list2 中的 7、9 被忽略,运行结果为[5，7，9]。

6.3.3　zip()函数

zip()函数是 Python 的一个内置函数,用于将多个可迭代对象(如列表、元组、字符串等)按照索引位置打包成元组并返回一个新的迭代器对象。这个新的迭代器对象的长度取决于最短的输入迭代器。下面是 zip()函数的基本语法：

```
zip(iterator1, iterator2, ...)
```

其中,"iterator1，iterator2，…"可以是列表、元组、字符串等可迭代对象。例如：

```
list1 =[1, 2, 3]
list2 =['a', 'b', 'c']
zipped =zip(list1, list2)
```

```
print(zipped)
print(list(zipped))
```

输出结果为：

```
<zip object at 0x000001E91762B640>
[(1, 'a'), (2, 'b'), (3, 'c')]
```

zip(list1，list2)将 list1 和 list2 中的对应元素打包成元组。zip()函数返回的是 zip 对象，list(zipped)将 zip 对象转换为列表。

可以使用 zip()函数与"＊"运算符来拆分已经打包的元组。例如，运行上述代码后再运行 list(zip(＊zipped))，输出结果为[(1，2，3)，('a'，'b'，'c')]。

▍本章小结

本章介绍了函数的定义与调用，重点介绍了函数的参数及返回值，还介绍了 3 个常用的内置函数——lambda()、map()、zip()函数。

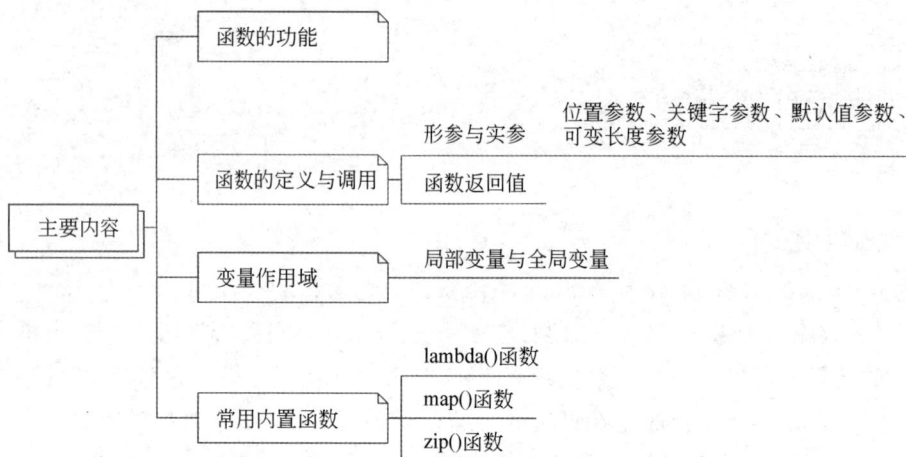

```
主要内容
├─ 函数的功能
├─ 函数的定义与调用
│   ├─ 形参与实参 ── 位置参数、关键字参数、默认值参数、可变长度参数
│   └─ 函数返回值
├─ 变量作用域 ── 局部变量与全局变量
└─ 常用内置函数
    ├─ lambda()函数
    ├─ map()函数
    └─ zip()函数
```

▍思考与练习

1. 编写函数，输入任意数，判断该数是否为素数。
2. 写出下列程序的运行结果。

（1）

```
def demo(＊p):
    print(p)
demo(1)
demo(1,2)
demo(1,2,3,4)
```

（2）

```
def demo(＊＊p):
```

```
    print(p)
demo(x=1,y=2,z=3)
demo(name="张三",age=18,gender="女")
```

（3）

```
def demo(a,b,c):
    print(a+b+c)

seq=[1,2,3]
demo(*seq)
tup=(1,2,3)
demo(*tup)
dic={1: 'a',2: 'b',3: 'c'}
demo(*dic)#传递字典的 key
demo(*dic.values())#传递字典的 values
Set={1,2,3}
demo(*Set)
```

（4）

```
def demo(a,b,c):
    print(a+b+c)
dic={'a': 1, 'b': 2, 'c': 3}
demo(**dic)
demo(a=1,b=2,c=3)
demo(a=1,b=2,c=3)
demo(*dic.values())
```

3. 编写函数，实现美元与人民币的兑换。

4. 编写函数，实现根据输入的月份和日期输出星座。

5. 编写函数，实现输入地区和重量，计算快递费用。收费标准如下：发全国是首重 1 千克 6.5 元，续重是 2 元/千克；如果发往新疆或西藏，则首重 1 千克 9 元，续重是 5 元/千克。手续费为 1％，不足 1 元的按 1 元计算。

第 7 章 数 据 采 集

学习目标

(1) 理解爬虫的基本原理
(2) 了解网页的基本结构
(3) 熟悉 HTML DOM 树和 CSS 选择器
(4) 掌握利用 requests 获取网页信息的方法
(5) 了解 BeautifulSoup、Xpath、正则表达式网页解析方法
(6) 熟悉 Selenium 网页爬取的方法

在大数据时代,每天都有海量的数据在我们周围产生,这些数据既有来自个人衣、食、住、行、医疗、社交等的行为活动,又有来自平台公司、政府、商业机构提供服务后的统计、收集等数据。数据已融入生产、分配、流通、消费和社会服务管理等各环节,深刻改变着人们的生产方式、生活方式和社会治理方式。收集和整理数据、分析数据可以创造经济或社会价值。

待分析的数据可以由需求方提供,也可以来自网上的公开数据源,还可以利用后羿采集器、八爪鱼采集器、易采集等爬虫工具采集在线数据,或编写爬虫程序以根据需求实现订制化采集。有关爬虫工具的使用,可以到各爬虫工具网站上查询相关帮助并学习使用。本章主要介绍如何编写爬虫程序。

7.1 爬虫的原理

爬虫(爬虫程序)是指通过模拟浏览器访问网页,然后提取、保存网页信息的自动化程序。爬取网页的基本流程如图 7-1 所示。

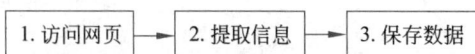

图 7-1 爬取网页的基本流程

1. 访问网页

访问网页就是利用程序模拟浏览器对目标网页发送请求。常用 Python 的 requests 库向网页服务器发送请求并获取响应。

2. 提取信息

提取信息就是对服务器返回的内容进行解析,以得到自己需要的信息。常用的库有 BeautifulSoup、XPath、re 等。

3. 保存数据

保存数据就是将解析到的数据保存到文件或数据库。

根据爬虫的使用场景,爬虫可以分为通用爬虫、聚集爬虫和增量式爬虫。通用爬虫爬取的是页面的全部内容。聚焦爬虫建立在通用爬虫的基础之上,爬取的是页面中特定的局部内容。增量式爬虫检测网站数据更新的情况,只爬取网站最新更新出来的数据。

在进行数据爬取工作时,必须严格遵守《中华人民共和国网络安全法》《中华人民共和国数据安全法》《中华人民共和国个人信息保护法》等相关法律法规。不当使用爬虫技术可能会带来诸多风险,例如干扰网站的正常运营,爬取受法律保护的特定数据和信息等。因此,在爬取数据的过程中,我们应不断优化程序,确保不对被访问网站的正常运行造成影响。在使用和传播爬取到的数据时,务必对内容进行审查,一旦发现涉及用户隐私或商业机密的敏感信息,应立即停止爬取或传播,切实维护网络空间的清朗环境。

‖ 7.2　网页基础

爬虫是自动获取在线数据的程序,因此在编写爬虫程序前,我们还需要了解一些网页相关的知识,如网页基本结构、网页访问原理等。

7.2.1　网页基本结构

例 7.1　利用大模型 API 或 AI 编程工具,用指定的文本生成一个网页(不同工具生成的网页代码可能不一样)。下面以 Coze 为例。(eg7_1.html)

提示词:
以下面的内容为素材,制作一个网页。 何以中国 …… 本网页内容来自故宫博物院网站
AI 回复

```
<!DOCTYPE html>
<html lang="zh-CN">
<head>
    <meta charset="UTF-8">
    <meta name="viewport" content="width=device-width, initial-scale=1.0">
    <title>何以中国</title>
    <style>
        body {
            font-family: Arial, sans-serif;
            line-height: 1.6;
            margin: 0;
            padding: 0;
            background-color: #f4f4f4;
        }
        .container {
            max-width: 960px;
            margin: 20px auto;
            padding: 20px;
```

```
            background-color: #fff;
            box-shadow: 0 0 10px rgba(0, 0, 0, 0.1);
        }
        h1 {
            text-align: center;
            color: #333;
        }
        h2 {
            color: #444;
            margin-top: 20px;
        }
        p {
            text-indent: 2em;
            margin-bottom: 10px;
            color: #555;
        }
        footer {
            text-align: center;
            margin-top: 20px;
            padding: 10px;
            background-color: #890215;
            color: #fff;
        }
    </style>
</head>
<body>
    <div class="container">
        <h1>何以中国</h1>
        <p>中华文明,是人类历史上唯一未曾中断的原生文明……是谓"汇"。</p>
        <h2>源</h2>
        <p>源,水之本也。为雨为露,为泉为渊。</p>
        <p>一百年来,经过几代考古人探索未知……以人为本、天人合一、道法自然、自强不息、
和而不同、天下为公的民族性格和统一多民族国家的制度建构,由是奠基!</p>
        <h2>流</h2>
        <p>流,集多源之水。凭借涓滴,方成川甽。</p>
        <p>中华文明之流,亘古及今,延绵不绝……凝练出天、地、人合一的东方智慧。</p>
        <p>历经数千载的积淀与传承……地球生命共同体的道路上奋勇前行。</p>
        <h2>汇</h2>
        <p>汇,拢万流于一处,成百川之渊薮。福泽广布,济世安民。</p>
        <p>泱泱中华,万古江河……不仅是中华文明的灿烂瑰宝,也为人类文明进步作出不可磨
灭的贡献。</p>
        <p>泱泱中华……融南北之血脉,混东西为一科。</p>
        ……
        <footer>本网页内容来自故宫博物院网站</footer>
    </div>
</body>
</html>
```

网页效果如图 7-2 所示。

尽管网页还有许多待美化和修改的地方,但上述代码反映了网页的基本结构。一个网页由三大部分组成——HTML、CSS 和 JavaScript,它们分别负责网页的结构、表现和行为。

HTML(Hypertext Markup Language)是用来创建网页结构和内容的标记语言,它定

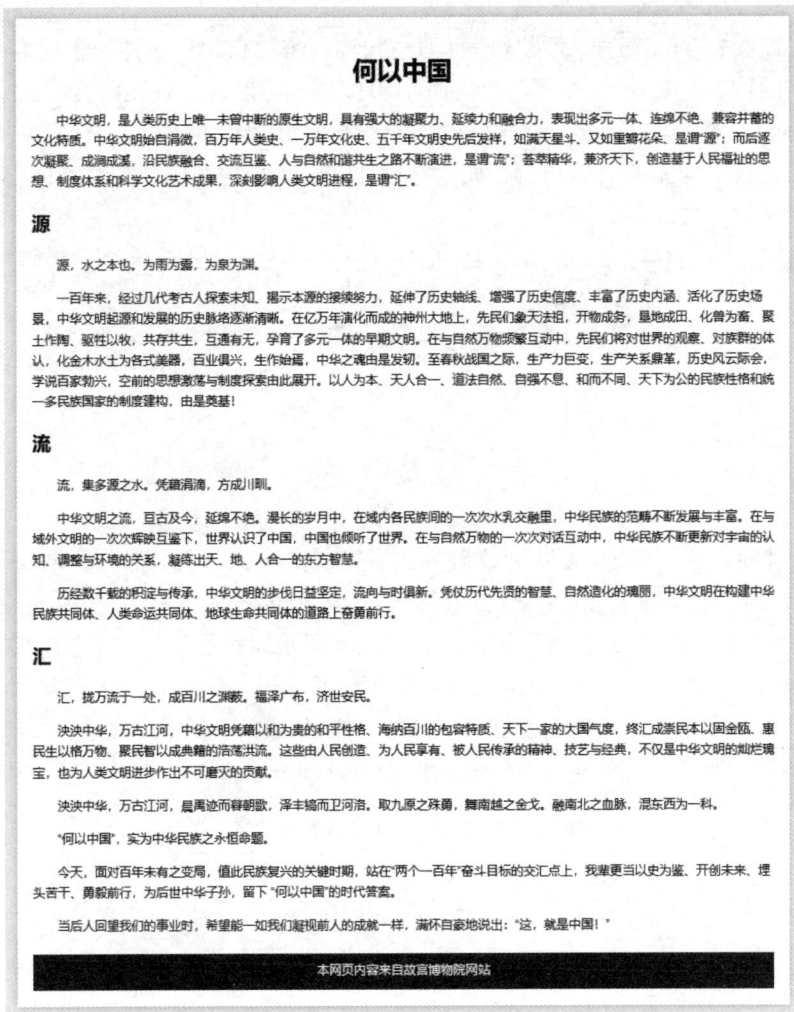

何以中国

中华文明，是人类历史上唯一未曾中断的原生文明，具有强大的凝聚力、延续力和融合力，表现出多元一体、连绵不绝、兼容并蓄的文化特质。中华文明始自涓微，百万年人类史、一万年文化史、五千年文明史先后发祥，如满天星斗、又如璀璨花朵，是谓"源"；而后逐次凝聚、成涧成溪，沿民族融合、交流互鉴、人与自然和谐共生之路不断演进，是谓"流"；荟萃精华、兼济天下，创造基于人民福祉的思想、制度体系和科学文化艺术成果，深刻影响人类文明进程，是谓"汇"。

源

源，水之本也。为雨为露，为泉为渊。

一百年来，经过几代考古人探索未知、揭示本源的接续努力，延伸了历史轴线、增强了历史信度、丰富了历史内涵、活化了历史场景，中华文明起源和发展的历史脉络逐渐清晰。在亿万年演化而成的神州大地上，先民们象天法祖，开物成务，垦地成田、化兽为畜、聚土作陶、驱牲以牧，共存共生、互通有无，孕育了多元一体的早期文明。在与自然万物频繁互动中，先民们将对世界的观察、对族群的体认，化金木水火土为各式美器，百业俱兴，生作始耕，中华之魂由是发轫。至春秋战国之际，生产力巨变、生产关系鼎革，历史风云际会，学说百家勃兴，空前的思想激荡与制度探索由此展开。以人为本、天人合一、道法自然、自强不息、和而不同、天下为公的民族性格和统一多民族国家的制度建构，由是奠基！

流

流，集多源之水。凭藉涓滴，方成川甽。

中华文明之流，亘古及今，延绵不绝。漫长的岁月中，在域内各民族间的一次次水乳交融里，中华民族的范畴不断发展与丰富。在与域外文明的一次次辉映互鉴下，世界认识了中国，中国也倾听了世界。在与自然万物的一次次对话互动中，中华民族不断更新对宇宙的认知、调整与环境的关系，凝练出天、地、人合一的东方智慧。

历经数千载的积淀与传承，中华文明的步伐日益坚定，流向与时俱新。凭仗历代先贤的智慧、自然造化的瑰丽，中华文明在构建中华民族共同体、人类命运共同体、地球生命共同体的道路上奋勇前行。

汇

汇，拢万流于一处，成百川之渊薮。福泽广布，济世安民。

泱泱中华，万古江河，中华文明凭藉以和为贵的和平性格、海纳百川的包容特质、天下一家的大国气度，终汇成涵民本以固金瓯、惠民生以播万物、聚民智以成典籍的浩瀚洪流。这些由人民创造、为人民享有、被人民传承的精神、技艺与经典，不仅是中华文明的灿烂瑰宝，也为人类文明进步作出不可磨灭的贡献。

泱泱中华，万古江河，晨禹迹而群朝歌，泽丰镐而卫河洛。取九原之殊勇，舞南越之金戈。融南北之血脉，混东西为一科。

"何以中国"，实为中华民族之永恒命题。

今天，面对百年未有之变局，值此民族复兴的关键时期，站在"两个一百年"奋斗目标的交汇点上，我辈更当以史为鉴、开创未来、埋头苦干、勇毅前行，为后世中华子孙，留下"何以中国"的时代答卷。

当后人回望我们的事业时，希望能一如我们凝视前人的成就一样，满怀自豪地说出："这，就是中国！"

本网页内容来自故宫博物院网站

图 7-2　基本网页

义了网页中各个元素的结构和层次关系，如段落、标题、图像等。例如：<p>用于定义段落元素，<h1>用于定义一级标题元素。

CSS（Cascading Style Sheets）用于定义网页布局和网页元素样式，包括字体、颜色、间距、边框等，使网页更具视觉吸引力，同时提升阅读与导航的便捷性。下列 CSS 代码定义了网页的背景颜色、字体、行高等。

```
body {
        font-family: Arial, sans-serif;
        line-height: 1.6;
        margin: 0;
        padding: 0;
        background-color: #f4f4f4;
    }
```

JavaScript 是一种用于在网页上实现交互功能的脚本语言，它可以用来处理用户输入、控制网页行为、动态修改页面内容以及与服务器进行数据交互等。

1）HTML

HTML 以标签（tag）的形式描述网页的结构和内容，HTML 文件的扩展名为 html 或 htm。网页与 HTML 文件是同一事物的两个不同侧面，用 HTML 语言编写的文件称为 HTML 文档，HTML 文档在 Web 浏览器中的表现形式称为网页。HTML 文档是由 HTML 元素组成的文本文件，HTML 元素是由 HTML 标签进行定义的。HTML 文档的基本结构如下：

```
<html>
    <head>
        …
    </head>
    <body>
        …
    </body>
</html>
```

一个网页文档以＜html＞开始，以＜/html＞结束，由 head 和 body 两大部分组成。head 部分包含网页的元数据，如网页编码方式、网页标题等。body 部分是网页的正文，网页中所有显示的信息都应放在＜body＞…＜/body＞之间。

HTML 标签通常由开始标签和结束标签组成。开始标签是被"＜＞"包围的元素名，如＜body＞。结束标签是被"＜＞"包围的斜杠和元素名，如＜/body＞。某些 HTML 元素没有结束标签，如＜br＞。不同的标签对应不同的功能，如表 7-1 所示。

表 7-1 常用的 HTML 标签及其功能

标　签	功　能	标　签	功　能
＜html＞	定义 HTML 文档	＜li＞	定义列表项
＜body＞	定义文档的主体	＜table＞	定义表格
＜p＞	定义段落	＜div＞	定义通用的块级容器
＜img＞	定义图像	＜span＞	定义行内容器
＜a＞	定义超链接	＜header＞	定义文档头部部分
＜ul＞	定义无序列表	＜footer＞	定义文档或区块的页脚
＜ol＞	定义有序列表	＜section＞	定义文档的某个区域

在 HTML 中，所有标签定义的内容都是节点，这些节点构成一个 HTML 节点树，也称为 HTML DOM(Document Object Model)树。在 HTML DOM 树中，html 是根节点，树中同一级的节点称为兄弟节点；节点的直接下级节点称为该节点的子节点；节点的任意下级节点称为其后代节点。例 7.1 的 HTML DOM 树如图 7-3 所示，图中的 head 与 body 是兄弟节点，h1 与 p 是兄弟节点，meta、title 是 head 的子节点，h1、p、div 都是 body 节点的后代节点。

2）CSS

CSS(层叠样式表)是一种用来为结构化文档(如 HTML 文档或 XML 应用)添加样式(字体、间距和颜色等)的计算机语言，CSS 文件的扩展名为 css。

CSS 通过设置选择器(selector)实现对网页中的文字、背景、图像及其他元素的控制。CSS 样式的定义由两部分构成：选择器和声明(声明块)。选择器是要改变样式的 HTML

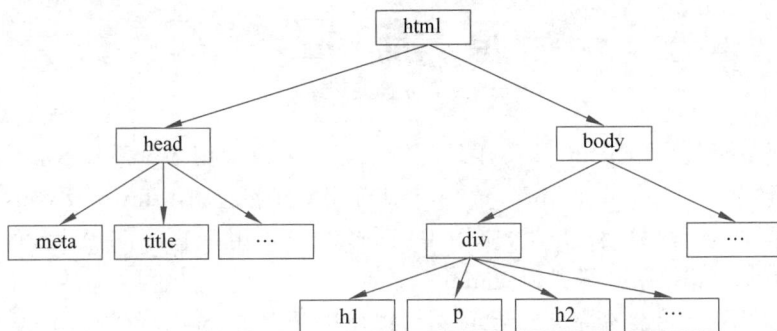

图 7-3　HTML DOM 树

元素(如 p、h1、类名称或 ID)。声明(块)用于定义样式元素,它由两部分组成:属性和属性值。所有声明都放在花括号"{ }"里面。例如:

```
.intro{
        font-size: 18px;
        color: #cb8123;
}
```

这段代码定义了名为 intro 的类样式,其中 intro 为类选择器名称,font-size(字号)、color(文字颜色)为样式属性,冒号(:)后为各属性对应的属性值。

将该代码应用到相应的段中,可格式化该段的样式,例如:

```
...
<p class="intro">今天,面对百年未有之大变局,值此民族复兴的关键时期,站在"两个一百年"奋斗目标的交汇点上,我辈更当以史为鉴、开创未来、埋头苦干、勇毅前行,为后世中华子孙,留下"何以中国"的时代答案。</p>
<p class="intro">当后人回望我们的事业时,希望能一如我们凝视前人的成就一样,满怀自豪地说出:"这,就是中国!"</p>
...
```

网页效果如图 7-4 所示。

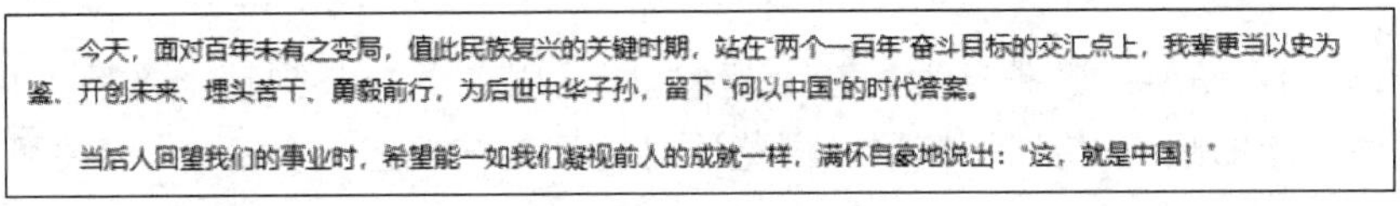

图 7-4　网页效果

常用的 CSS 选择器有标签选择器、类选择器、ID 选择器、后代选择器。每种选择器的定义及应用各有特点,在进行网页样式设置或提取网页信息时,要正确使用各种选择器。

标签选择器的名称只能是 HTML 标签,创建标签选择器的 CSS 规则后,网页中相应 HTML 标签的格式会立即更新。例如在例 7.1 的网页中定义 h2 选择器的样式:

```
h2 {
    color: #444;
    margin-top: 20px;
}
```

当前网页中所有 h2 标签的样式都会更改为新定义的样式,如图 7-5 所示。

类选择器的名称以"."开头,应用类选择器需要用标签的 class 属性,如<p class=

源 流 汇

图 7-5　h2 标签的样式

"intro">表示 p 标签应用了 intro 类样式。一个标签可以应用多个类样式，多个类样式之间用空格隔开，如<div class＝"intro cons">表示 div 标签应用了 intro 及 cons 类样式。

ID 选择器的名称以"♯"开头，应用 ID 选择器需要用标签的 id 属性，如<div id＝"container">表示 div 的 id 样式为 container。

当需要选择一个元素的特定子元素时，可以使用形式如 selectorA＞selectorB 的**子元素选择器**，表示选择 selectorA 的直接后代元素 selectorB，其中 selectorA 和 selectorB 可以是类选择器、标签选择器、ID 选择器中的任意一种，如 ♯container＞p 表示选择 id 选择器 container 的子元素 p。

后代选择器用于选择某个元素的后代元素，而不仅仅是直接子元素。后代选择器形如 selectorA selectorB，两个选择器之间用空格隔开，表示选择 selectorA 下面的 selectorB，selectorB 只要是其后代即可，不一定是直接后代，如.cons p 表示选择类选择器 cons 的后代元素 p。

7.2.2　网页访问原理

在浏览器的地址栏输入一个 URL，按 Enter 键后便可以看到网页的内容，浏览过程如图 7-6 所示。

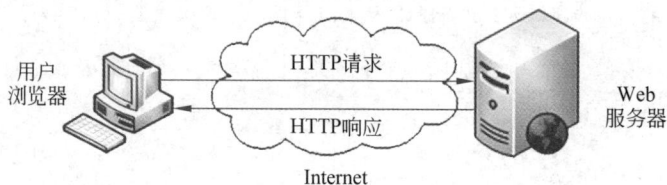

图 7-6　网页浏览过程

浏览器先向网站所在服务器发送一个请求，网站服务器接收到请求之后，对其进行处理，然后返回对应的响应，传回浏览器。浏览器对返回的响应进行解析，我们便可以看到网页的内容。

上文提到的 URL(Uniform Resource Locator，统一资源定位器)就是我们俗称的网址，如 https://www.baidu.com/。在 URL 中，http 或 https 指的是传输协议。HTTP(Hypertext Transfer Protocol，超文本传输协议)是用于从 WWW 服务器传输超文本到本地浏览器的传输协议。HTTPS (Hypertext Transfer Protocol over Secure Layer)是 HTTP 的安全版。

为了更直观地理解网页浏览原理，这里用 Chrome 浏览器开发者模式下的"网络(Network)"监听组件演示网页浏览的过程。网络监听组件可以在访问当前请求的网页时，显示产生的所有网络请求和响应。

打开 Chrome 浏览器，在地址栏中输入 https://www.cuc.edu.cn/1404/list.htm 并按 Enter 键。右击并选择"检查"选项(或者直接按 F12 键)，即可打开浏览器的开发者工具，如图 7-7 所示。

图 7-7　浏览器开发者工具界面

切换到"网络"面板,刷新网页,这时就可以看到在网络面板下方出现了很多个条目,每个条目就代表一次发送请求和接收响应的过程,如图 7-8 所示。

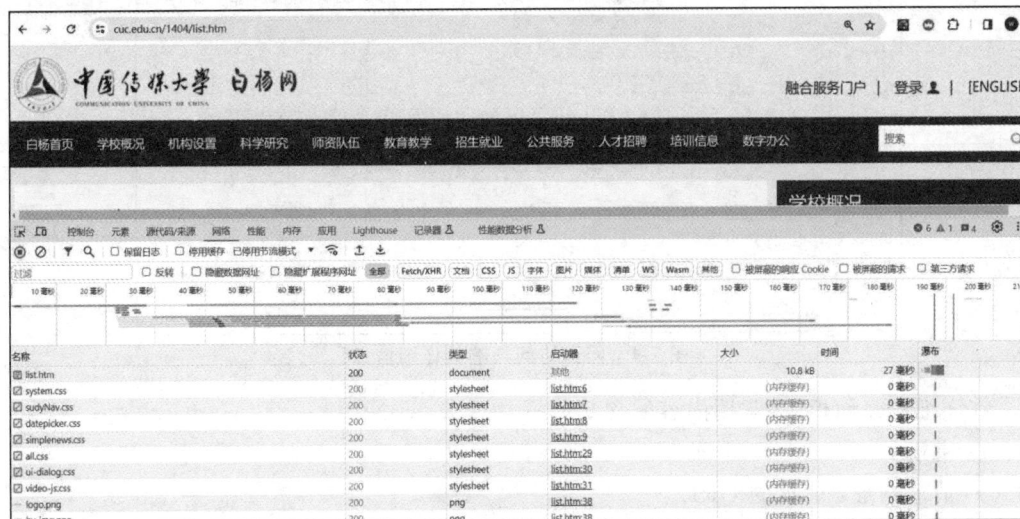

图 7-8　网络请求和响应

下面介绍面板中各列的含义。

- **名称**:请求的名称,一般会用 URL 的最后一部分内容作为名称。
- **状态**:响应的状态码,如 200 表示响应状态正常。
- **类型**:请求的文档类型。如 document 表示请求的是一个 HTML 文档;stylesheet 表示请求的是一个 CSS 文件;script 表示请求的是 JavaScript 文件;png、gif、jpeg 等表示请求的是图像。
- **启动器**:用来标记请求是由哪个对象或进程发起的。
- **大小**:从服务器下载的文件或请求的资源大小。如果资源是从缓存中取得的,则该列会显示 from cache。
- **时间**:发起请求到获取响应所用的总时间。
- **瀑布**:网络请求的可视化瀑布流。

单击"名称"列的条目，即可看到更详细的信息，如单击图 7-8 中的 list.html，结果如图 7-9 所示。

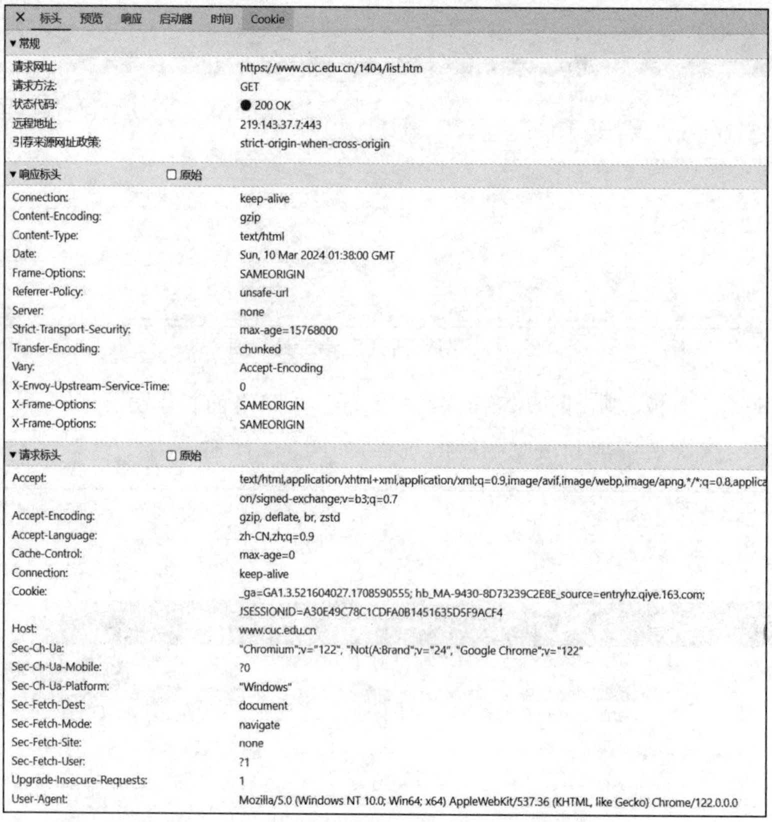

图 7-9　网页访问与响应详细信息

在详细信息面板中，常用内容的含义如下。

1）常规

- 请求网址：请求的 URL。
- 请求方法：用于标识客户端请求服务器端的方式，常见的请求方法有两种：GET 和 POST。
- 状态码：相应的状态码。常用状态码的含义如下。

  200 OK：请求成功。

  400 Bad Request：客户端发送的请求有错误。

  401 Unauthorized：未授权。

  403 Forbidden：禁止访问。

  404 Not Found：未找到请求的资源。

  500 Internal Server Error：服务器内部错误。
- 远程地址：远程服务器的地址和端口。
- 引荐来源网址政策：Referrer 判别策略。

2）响应标头

响应标头包含服务器对请求的应答信息，下面简要说明一些常用的响应头信息。

- Date：标识响应产生的时间。
- Content-Encoding：指定响应内容的编码。
- Server：服务器信息，如名称、版本号等 。
- Content-Type：文档类型，指定返回的数据类型是什么。如 text/html 表示返回 HTML 文档；application/x-javascript 表示返回 JavaScript 文件；application/json 表示返回 JSON 类型；image/jpeg 表示返回图片。

3）请求标头

请求标头用来说明服务器使用的附加信息。下面就常用的请求标头进行简要说明。

- Accept：指定客户端可以接收哪些类型的信息。
- Accept-Encoding：指定客户端可以接受的内容编码。
- Accept-Language：指定客户端可以接受的语言类型。
- Cookie：保存了该客户机访问这个网页文档时的信息。当客户机再次访问这个网页 文档时，这些信息可供该文档使用。
- Host：用于指定请求资源的主机 IP 和端口号，其内容为请求 URL 的原始服务器或 网关的位置。
- Referer：标识这个请求是从哪个页面发过来的，服务器可以拿到这一信息并做相应 的处理，如进行来源统计、防盗链处理等。
- User-Agent：简称为 UA，它是一个特殊的字符串，可以使服务器识别用户使用的操 作系统及版本、浏览器及版本等信息。在做爬虫时，通常需加上此信息，以伪装为 浏览器。

7.3　获取网页信息——requests 库

requests 库是一个 Python 第三方库，可以使用 pip 命令安装，例如：

```
pip install requests
```

使用 requests 库爬取网页的基本流程如图 7-10 所示。

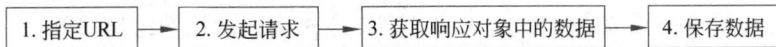

图 7-10　requests 库爬取网页的基本流程

例 7.2　爬取中国传媒大学校园简介 https://www.cuc.edu.cn/1404/list.htm，并保存 在 cucIntro.html 中。（eg7_2_request_base.py）

（1）指定 URL：

```
url ="https://www.cuc.edu.cn/1404/list.htm"
```

（2）发起请求：

```
r =requests.get(url)
```

根据待爬取网页采用的请求方法，采用 requests.get()或 requests.post()访问网页，这 两个方法可以返回 response 对象，它包含服务器返回的所有信息，如网页内容、响应头、响 应状态码等。分析网页访问信息，如图 7-11 所示，可知本网页的访问方法为 get()。

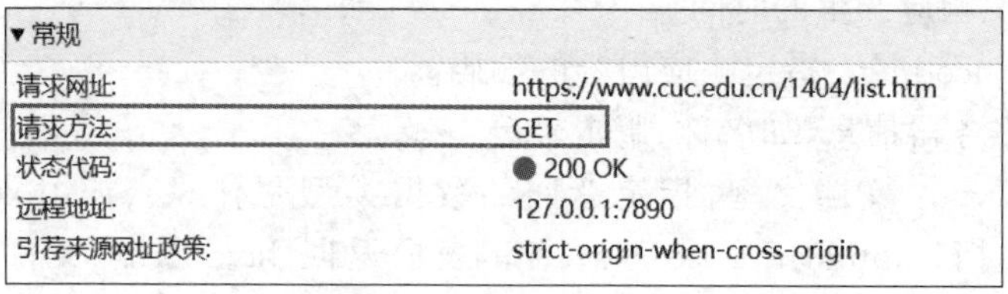
▾常规
请求网址: https://www.cuc.edu.cn/1404/list.htm
请求方法: GET
状态代码: 200 OK
远程地址: 127.0.0.1:7890
引荐来源网址政策: strict-origin-when-cross-origin

图 7-11　网页访问信息

（3）获取响应对象中的数据：

```
html =r.text
```

response 对象的 content 和 text 属性用于保存服务器响应的内容。response.text 返回的是字符串，大多数情况下都可以正确解码，如果显示内容乱码，可以用 encoding 属性指定字符编码，如 r.encoding = 'utf-8'。其中，字符编码可以是 UTF-8、GBK、GB2312 等。response.content 返回的是字节码。对于字节码形式的中英文字符，只有设置解码方式才能正确显示，如 html=r.content.decode("utf-8")。

（4）保存数据（以保存文件为例）：

```
with open("tmp/cucintro.html",'w',encoding='utf-8') as fp:
    fp.write(html)
```

完整爬取代码如下：

```
import requests
#step1: 指定 url
url ="https://www.cuc.edu.cn/1404/list.htm"
#step2: 发起请求
r =requests.get(url)
r.encoding='utf-8'
#setp3: 获取响应数据
html =r.text
#step4: 持久化存储
with open("tmp/cucintro.html",'w',encoding='utf-8') as fp:
    fp.write(html)
```

上面爬取的是固定 URL 的页面，如果要爬取某关键词的搜索结果，又该如何爬取呢？

例 7.3　爬取 https://www.sogou.com/页面中以“中国传媒大学”为关键字搜索的结果，并将其保存在 sogou_cuc.html 页面中。(eg7_3_sogu_cuc.py)

打开网页，以“中国传媒大学”为关键字进行搜索，可以看到 URL 是 https://www.sogou.com/web?query=中国传媒大学。参考实例 7.2 中的代码进行爬取，发现并没有爬取搜索结果，而是显示了图 7-12 所示的协助验证信息。

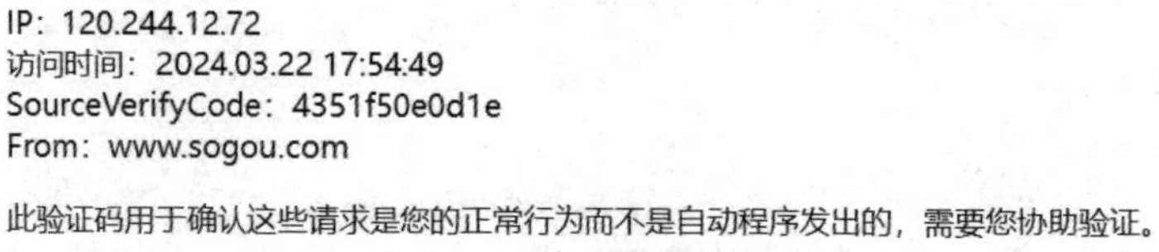
IP: 120.244.12.72
访问时间: 2024.03.22 17:54:49
SourceVerifyCode: 4351f50e0d1e
From: www.sogou.com
此验证码用于确认这些请求是您的正常行为而不是自动程序发出的，需要您协助验证。

图 7-12　协助验证信息

出现这个问题的原因是没有设置 HTTP 请求头。HTTP 请求时，会有一个请求头

Requests Headers,请求头中有 Cookie、Referer、User-Agent 等信息,这些信息可以通过 requests.get()方法的 headers 参数进行设置。

参考代码如下:

```
import requests
headers={'User-Agent': 'Mozilla/5.0 (Windows NT 10.0; Win64; x64) AppleWebKit/
537.36 (KHTML, like Gecko) Chrome/113.0.0.0 Safari/537.36'}
url = "https://www.sogou.com/web?query=中国传媒大学"
response = requests.get(url,headers=headers)
html = response.text
with open("tmp/sogou_cuc.html", "w", encoding="utf-8") as f:
    f.write(html)
```

代码中的 headers＝{…}设置了请求头中的 User-Agent 参数。User-Agent 用于爬虫程序进行 UA 伪装,字符串包含客户端的操作系统、浏览器类型、版本等信息。User-Agent 的值可以直接利用浏览器开发者工具获取,具体操作方法为:打开浏览器,输入 URL,如 https://www.sogou.com/,在打开的页面中输入搜索关键词"中国传媒大学",然后按 F12 键以选中网页,可以看到"标头"选项卡的最后一项即为 User-Agent,如图 7-13 所示。

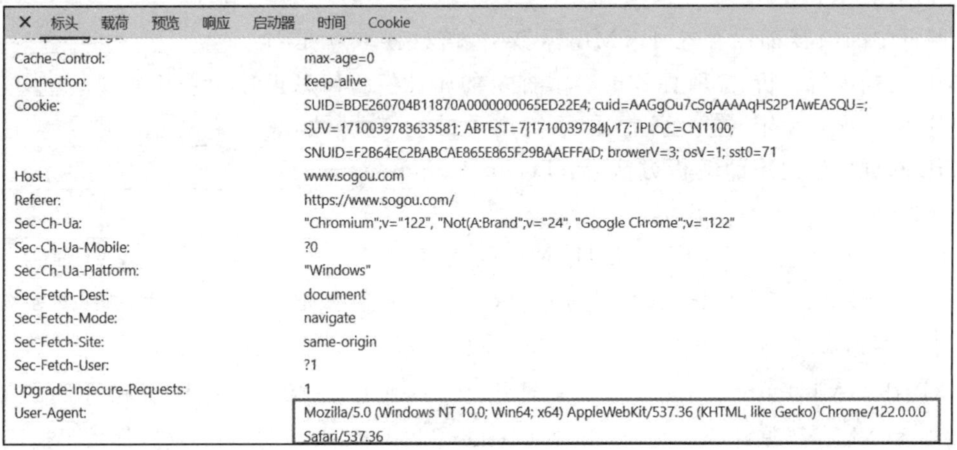

| × 标头 | 载荷 | 预览 | 响应 | 启动器 | 时间 | Cookie |

Cache-Control:	max-age=0
Connection:	keep-alive
Cookie:	SUID=BDE260704B11870A0000000065ED22E4; cuid=AAGgOu7cSgAAAAqHS2P1AwEASQU=; SUV=1710039783633581; ABTEST=7|1710039784|v17; IPLOC=CN1100; SNUID=F2B64EC2BABCAE865E865F29BAAEFFAD; browerV=3; osV=1; sst0=71
Host:	www.sogou.com
Referer:	https://www.sogou.com/
Sec-Ch-Ua:	"Chromium";v="122", "Not(A:Brand";v="24", "Google Chrome";v="122"
Sec-Ch-Ua-Mobile:	?0
Sec-Ch-Ua-Platform:	"Windows"
Sec-Fetch-Dest:	document
Sec-Fetch-Mode:	navigate
Sec-Fetch-Site:	same-origin
Sec-Fetch-User:	?1
Upgrade-Insecure-Requests:	1
User-Agent:	Mozilla/5.0 (Windows NT 10.0; Win64; x64) AppleWebKit/537.36 (KHTML, like Gecko) Chrome/122.0.0.0 Safari/537.36

图 7-13　请求标头

这里爬取的是固定关键字"中国传媒大学",如果想爬取任意关键字的搜索结果,又该如何实现?

例 7.4　爬取搜狗首页中某个关键词的搜索结果。(eg7_4_sogou_key.py)

在搜狗页面中,搜索"中国传媒大学",其 URL 是 https://www.sogou.com/web?query＝中国传媒大学,搜索"requests 爬虫",其 URL 是 https://www.sogou.com/web?query＝request 爬虫。比较两个 URL,发现只有"query＝"后面的值不一样,可见 URL 中的 query 部分是一个可变参数,该参数的值由用户输入的关键字确定。如果手动创建 URL,则这些数据会以 key/value 对的形式出现在 URL 的问号后面。参考代码如下:

```
import requests
url = "https://www.sogou.com/web?"
headers={'User-Agent': 'Mozilla/5.0 (Windows NT 10.0; Win64; x64) AppleWebKit/
537.36 (K HTML, like Gecko) Chrome/113.0.0.0 Safari/537.36'}
```

```
kW=input('请输入检索关键词')
param={'query': kW}
response = requests.get(url,params=param,headers=headers)
```
```
html =response.text
filename="tmp/sogou_"+kW+".html"
with open(filename, "w", encoding="utf-8") as f:
    f.write(html)
```

7.4 页面内容提取

7.3 节中的例子都是爬取整个网页,这样的爬虫程序称为通用爬虫。在实际使用中,通常关注的是网页中的部分信息,这种爬取页面中指定内容的爬虫称为聚焦爬虫。聚焦爬虫与通用爬虫相比在实现时多了一个步骤,即需要在获取网页后进行指定信息提取。聚焦爬虫的基本流程如图 7-14 所示。

网页中的内容都保存在 HTML 标签中,信息提取就是对 HTML 文档进行解析,提取标签内容或标签的属性值。信息提取的基本过程是:定位标签;提取标签内容或标签属性值。HTML 网页数据常用的解析方法有:BeautifulSoup、XPath、正则表达式。

BeautifulSoup 是一个用于从 HTML 或 XML（eXtensible Markup Language）文档中提取数据的 Python 库,可以方便地从网页中提取信息。

XPath（XML Path Language）是一种用于在 XML 文档中进行导航和查询的语言。HTML 和 XML 都源自 SGML（Standard Generalized Markup Language）,都用于描述和结构化数据。因此,XPath 也可以用于解析 HTML 文档。

正则表达式（Regular Expression）是一种用于描述字符串模式的强大工具,可以用正则表达式实现字符串的检索、替换、匹配验证等,也可以用正则表达式提取 HTML 代码中的信息。

7.4.1 BeautifulSoup 页面解析

BeautifulSoup 是一个用于解析 HTML 和 XML 文档的 Python 第三方库,它与解析器配合,能够将复杂的网页文档转换为树形结构（解析树）,并提供简单的方法来遍历和搜索文档内容,支持通过标签名、属性、类名、ID 等多种方式定位元素。

1. 安装 BeautifulSoup

使用 pip 命令安装 BeautifulSoup:

```
pip install beautifulsoup4
```

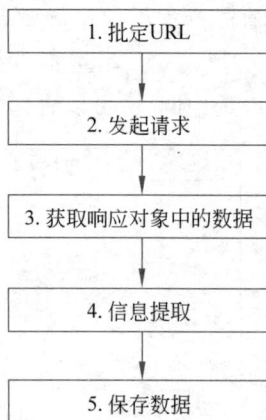

图 7-14 中流程图：

1. 批定URL
2. 发起请求
3. 获取响应对象中的数据
4. 信息提取
5. 保存数据

图 7-14 聚集爬虫的基本流程

2. BeautifulSoup 工作原理

使用 BeautifulSoup 查找页面数据之前，需要加载 HTML 文件或 HTML 片段，并在内存中构建一个与 HTML 文档完全一一映射的树形对象（类似于 W3C 的 DOM 解析。为了方便，后面简称为 BS 树），这个过程称为解析。通过遍历 BS 树，可以轻松地找到需要的数据。

BeautifulSoup 支持 Python 标准库中的 HTML 解析器 html.parser，还支持一些第三方解析器，如 lxml 或 html5lib。第三方解析器在使用前需要安装，这两个库的安装方法如下：

```
pip install lxml
pip install html5lib
```

BeautifulSoup 进行数据解析的过程如图 7-15 所示。

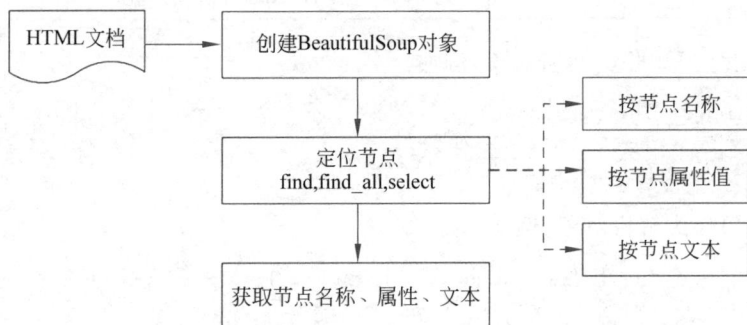

图 7-15　**BeautifulSoup** 进行数据解析的过程

导入 BeautifulSoup 库的代码如下：

```
from bs4 import BeautifulSoup
```

（1）实例化一个 BeautifulSoup 对象，并且将页面源码数据加载到该对象中。假设页面源码保存在 page_text 变量中。例如：

```
soup=BeautifulSoup(page_text,'lxml')
```

（2）搜索节点。例如搜索 h1 节点：

```
h1_tag=soup.find("h1").
```

（3）获取节点内容。例如：

```
content=h1_tag.text
```

3. 实例化 BeautifulSoup 对象

实例化 BeautifulSoup 对象的代码为

```
soup=BeautifulSoup(markup,features,…)
```

其中，**markup** 表示被解析的 HTML 字符串或文件对象。**features** 表示拟使用的解析器类型，各解析器的使用方法及优缺点如表 7-2 所示。一般推荐使用 lxml 以获取较快的速度和较好的容错能力。

表 7-2　BeautifulSoup 解析器

解　析　器	使　用　方　法	优　　势	劣　　势
Python 标准库	BeautifulSoup（markup,"html.parser"）	• Python 的内置标准库 • 执行速度适中 • 容错能力强	速度没有 lxml 快，容错没有 html5lib 强
lxmlHTML 解析器	BeautifulSoup(markup, "lxml")	• 速度快 • 容错能力强	额外的 C 语言依赖
lxml XML 解析器	BeautifulSoup（markup,［"lxml-xml"]） BeautifulSoup(markup, "xml")	• 速度快 • 唯一支持 XML 的解析器	额外的 C 语言依赖
html5lib	BeautifulSoup(markup,"html5lib")	• 最好的容错性 • 以浏览器的方式解析文档 • 生成 HTML5 格式的文档	• 速度慢 • 额外的 Python 依赖

以 HTML 字符串作为解析对象，例如：

```
from bs4 import BeautifulSoup
html_code="<h1>Hello, World!</h1>"
bs=BeautifulSoup(html_code,"lxml")
```

以文件对象作为解析对象，例如：

```
with open("＊＊＊.html", "r", encoding="utf-8") as f:
    soup=BeautifulSoup(f,"lxml")
```

4. 定位节点

BeautifulSoup()类实例化后，返回的是 BeautifulSoup 对象，该对象由 HTML/XML 文档转换成树形结构。在进行网页信息提取时，需要先定位节点，再进行相应内容的提取。常用的节点定位方法如表 7-3 所示。

表 7-3　BeautifulSoup 节点定位方法

定　位　方　式	方　法　说　明
标签名定位	• soup.find('tag_name') ♯查找第一个匹配的标签 • soup.find_all('tag_name') ♯查找所有匹配的标签
属性定位	• soup.find(id＝'content') ♯ 查找 id 为 content 的元素 • soup.find(class_＝'header') ♯ 查找 class 为 header 的元素（class 是 Python 关键字，所以加下画线） • soup.find(attrs＝{'data-custom': 'value'}）♯ 查找自定义属性 • soup.find_all(class_＝'item') ♯ 查找所有匹配的元素
CSS 选择器定位	• soup.select('div.content') ♯ 类选择器 • soup.select('♯ main') ♯ ID 选择器 • soup.select('div p') ♯ 后代选择器 • soup.select('div＞p') ♯子元素选择器 • soup.select('div［class＝"example"]') ♯ 属性选择器

例 7.5　解析 hyzg.html 中的元素。（eg7_5_bs_base.py）

```
from bs4 import BeautifulSoup
```

```
with open("hyzg.html", "r", encoding="utf-8") as f:
    soup=BeautifulSoup(f,'lxml')
h2_tag =soup.find("h2")
print(h2_tag)
```

输出<h2>源</h2>,可见 soup.find("h2")返回页面中的第一个 h2 元素。例如:

```
h2_tags =soup.find_all("h2")
print(h2_tags)
```

soup.find_all("h2")以列表形式返回所有 h2 元素,[<h2>源</h2>,<h2>流</h2>,<h2>汇</h2>]。

例如:

```
intro_class =soup.find_all(class_="intro")
print(intro_class)
```

soup.find_all(class_="intro")以列表形式返回采用了类样式.intro 的所有元素。

运行结果为:

```
[<p class="intro">
        中华文明,是人类历史上唯一未曾中断的原生文明,……
    </p>, <div class="intro cons">
    <p>泱泱中华,万古江河,晨禹迹而暮朝歌,泽丰镐而卫河洛。取九原之殊勇,舞越南之金戈。
融南北之血脉,混东西为一科。</p>
    ……"这,就是中国!"</p>
    </div>]
container_p =soup.select(".container>p")
print(container_p)
```

soup.select(".container>p")返回.container 选择器下的所有子元素 p。

5. 获取节点文本内容或属性值

获取节点中对应的文本内容可以用 text、string 两个属性或 get_text()方法实现。text 属性和 get_text()方法可以获取某一个标签中所有的文本内容。string 属性只可以获取该标签下面直系的文本内容。如 soup.find("h1").text 可以返回"何以中国"。

获取标签的属性值使用方括号"[]",如获取 a 标签的 href 属性值,可以用 a["href"],即 soup.find("a")["href"]。

例 7.6　爬取中传要闻(https://www.cuc.edu.cn/news/1901/list.htm)网页中的新闻标题及对应的 URL。(eg7_6_bs_cuc.py)

网页分析:

(1) 网页 URL 为 https://www.cuc.edu.cn/news/1901/list.htm。

(2) 网页请求方法如图 7-16 所示。

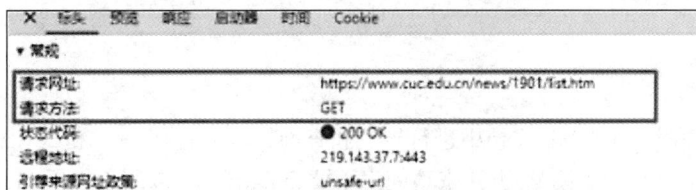

图 7-16　网页请求方法

（3）元素定位如图 7-17 所示。

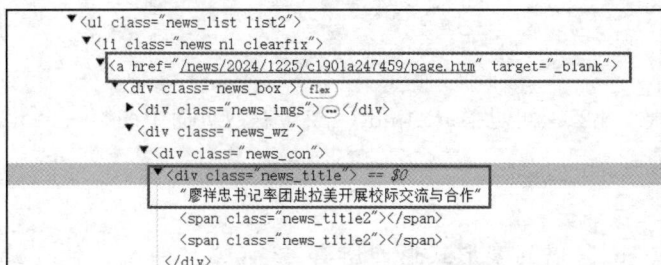

```
▼<ul class="news_list list2">
    ▼<li class="news_nl clearfix">
        ▼<a href="/news/2024/1225/c1901a247459/page.htm" target="_blank">
            ▼<div class="news_box"> (flex)
                ▶<div class="news_imgs">…</div>
                ▼<div class="news_wz">
                    ▼<div class="news_con">
                        ▼<div class="news_title"> == $0
                            "廖祥忠书记率团赴拉美开展校际交流与合作"
                            <span class="news_title2"></span>
                            <span class="news_title2"></span>
                        </div>
```

图 7-17　元素定位

• 定位新闻标题及 URL 所在的元素 soup.select('.news a')。

• 获取详情页对应的 URL，该 URL 是标签 a 的属性 href，可以用 a["href"]获取。

• 获取新闻标题。新闻标题在类名为 news_title 的 div 中，可以用 select()或 find()方法定位，然后获取其中的文本。

参考代码如下：

```
import requests
from bs4 import BeautifulSoup
import csv
url="https://www.cuc.edu.cn/news/1901/list.htm"
headers={'User-Agent': 'Mozilla/5.0 (Windows NT 10.0; Win64; x64) AppleWebKit/
537.36 (KHTML, like Gecko) Chrome/113.0.0.0 Safari/537.36'
}
#1. 发起 requests 请求
response=requests.get(url=url,headers=headers)
response.encoding='utf-8'
#2. 实例化 BeautifulSoup 对象
soup =BeautifulSoup(response.text, 'lxml')
#3. 解析新闻标题和详情页 URL
news_list=soup.select('.news a')
news_url_list=[]                    #保存新闻 url
news_title_list=[]                  #保存新闻标题
for news in news_list:
    news_url="https://www.cuc.edu.cn"+news["href"]
    news_title=news.select(".news_title")[0].text
    news_url_list.append(news_url)
    news_title_list.append(news_title)


#4. 保存结果
with open("cuc_news.csv","w",encoding="utf-8",newline="") as f:
    writer=csv.writer(f)
    writer.writerow(["新闻标题","新闻详情页 URL"])
    for i in range(len(news_title_list)):
        writer.writerow([news_title_list[i],news_url_list[i]])
```

7.4.2　XPath 页面解析

XPath 是一种用于在 XML 文档中进行导航和查询的语言。HTML 和 XML 都是标记语言，都可以通过 DOM(文档对象模型)方式来访问。因此，XPath 也可以用于解析 HTML 文档。

1. 安装和使用

利用 XPath 解析 HTML 网页,需要安装 lxml 解析器。安装方法如下:

```
pip install lxml
```

XPath 网页解析基本过程:
- 实例化一个 etree 对象,并将被解析的页面源码数据加载到该对象中;
- 调用 etree 对象中的 XPath 方法,结合 XPath 表达式实现对标签的定位和内容的捕获。

2. 实例化 etree 对象

首先导入 etree 包,然后进行实例化。例如:

```
from lxml import etree
```

etree.parse(filepath)可以将本地 HTML 文档中的源码数据加载到 etree 对象中。etree.HTML(page_text)可以将 HTML 源码数据加载到该对象中。

3. XPath 表达式

XPath 使用路径表达式在 HTML 文档中选择节点。下面是一些基本的 XPath 表达式。
- 定位元素

/:以"/"开始表示的是从根节点开始定位。中间的"/"表示的是一个层级。

//:从当前节点选择文档中的节点,中间的"//"表示多个层级。
- 属性定位

tag[@attrName='attrValue'],如//div[@class='fs']用于定位类名为 fs 的 div 元素。
- 索引定位

//div[@class='fs']/p[3],定位类名为 fs 的 div 元素下的第 3 个 p 元素,索引是从 1 开始的。
- 文本

/text()用于获取标签中直接的文本内容。

//text()用于获取标签中所有的文本内容。
- 获取属性

/@attrName,如/@href 用于获取属性 href。

XPath 表达式可以由浏览器中的快捷菜单直接获取,打开网页,打开"开发者工具",用"选择工具"选择网页中的元素,在显示的网页元素的相应代码上右击,在快捷菜单中选择"复制"/"复制 XPath"选项以获取 Xpath 路径,如图 7-18 所示。

例 7.7　爬取诗词名句网中《红楼梦》(https://www.shicimingju.com/book/hongloumeng.html)的所有章节标题及对应的 URL,利用 XPath 进行解析,并将其保存在 hlm.csv 文件中。(eg7_7_xpath_hlm.py)

参考代码如下:

```
import requests
from lxml import etree
import csv
url="https://www.shicimingju.com/book/hongloumeng.html"
headers={'User-Agent': 'Mozilla/5.0 (Windows NT 10.0; Win64; x64) AppleWebKit/
537.36 (KHTML, like Gecko) Chrome/113.0.0.0 Safari/537.36'
}
#1. 发起 requests 请求
response=requests.get(url=url,headers=headers)
```

```
response.encoding='utf-8'
#2.解析页面内容
#2.1 实例化 etree 对象
tree=etree.HTML(response.text)
#2.2 定位元素并获得属性或文本
chapter_url=tree.xpath('/html/body/div[2]/div[2]/div[1]/div[3]/div/a/@href')
chapter_title=tree.xpath('/html/body/div[2]/div[2]/div[1]/div[3]/div/a/text()')
#3.保存爬取的数据
with open('hlm.csv', 'w',encoding="utf-8_sig",newline='') as file:
    writer =csv.writer(file)
    writer.writerow(["chapter_url","chapter_title"])
    for i in range(len(chapter_url)):
        writer.writerow(["https://www.shicimingju.com"+chapter_url[i].strip(),
chapter_title[i].strip()])
```

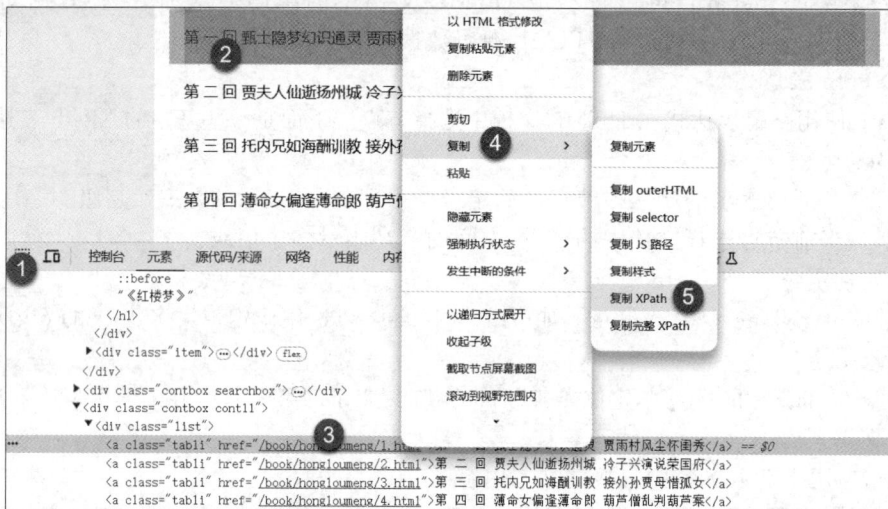

图 7-18　获取 Xpath

7.4.3　正则表达式

正则表达式是一种用于描述字符串模式的强大工具，它可以用于搜索、替换和验证文本数据。Python 中的正则表达式可以用标准库 re 的相关函数实现，如表 7-4 所示。

表 7-4　re 库的常用函数

类　别	函　数	功　能
查找	search()	扫描整个字符串并返回一个匹配对象
	match()	从字符串的起始位置匹配一个模式，匹配成功则返回匹配对象，否则返回 None
	findall()	在字符串中找到正则表达式匹配的所有子串，并返回一个列表，如果有多个匹配模式，则返回元组列表，如果没有找到匹配的，则返回空列表
	finditer()	在字符串中找到正则表达式匹配的所有子串，并把它们作为一个迭代器返回
替换	sub()	将匹配到的数据进行替换，并返回一个新值，不改变原字符串
分割	split()	根据匹配切割字符串，并返回一个列表

例 7.8　找出下列文本中的电子邮箱。（eg7_8_re_email.py）

订卡热线：400-819-9993

服务热线：400-810-9888

在线咨询：service.cnki.net

邮件咨询：help@cnki.net

监督举报

违法和不良信息举报电话：400-062-8866

违法和不良信息举报邮箱：jubao@cnki.net

合规举报邮箱：zwhegui-tsjb@cnki.net

服务监督：400-819-1966(fwjd.cnki.net)

参考代码如下：

```
import re
text ="""订卡热线: 400-819-9993
服务热线: 400-810-9888
在线咨询: service.cnki.net
邮件咨询: help@cnki.net
监督举报
违法和不良信息举报电话: 400-062-8866
违法和不良信息举报邮箱: jubao@cnki.net
合规举报邮箱: zwhegui-tsjb@cnki.net
服务监督: 400-819-1966(fwjd.cnki.net)"""
#电子邮箱的正则表达式
email_regex =r'\b[A-Za-z0-9._%+-]+@[A-Za-z0-9.-]+\.[A-Z|a-z]{2,}\b'
#使用 re.findall 查找所有匹配的电子邮箱
emails =re.findall(email_regex, text)
print(emails)
```

案例中用到了 re 正则表达式库,并用一串字符 r'\b[A-Za-z0-9._%+-]+@[A-Za-z0-9.-]+\.[A-Z|a-z]{2,}\b'表示电子邮箱的格式,这串字符到底是什么意思？下面我们学习正则表达式的语法规则。

正则表达式由一些特殊字符和普通字符组成,用来表示匹配规则。正则表达式的匹配规则大致可分为：是什么字符、重复多少次、在什么位置、有哪些额外约束这几种情况。

1. 字符类别

正则表达式的不同字符类别如表 7-5 所示。

表 7-5　正则表达式的不同字符类别

字　　符	含　　义
a,b,c,1,2,3,…	字符常量,写什么就表示什么符号
\d	一个数字
\D	一个非数字字符
\s	一个空格
\S	一个非空格
\w	一个任意字母、数字、下画线
\W	一个除了字母、数字、下画线之外的任意字符
.	除了换行符之外的任何单个字符

字　　符	含　　义
［abcf］	"［］"包含一组字符，表示其中任意一个字符。如［abcf］匹配 a、b、c 或者 f 中的任意一个字符
［a－f］	"－"表示范围，如［a－f］匹配 a 到 f 中的任意一个字符
［^a－f］	"^"表示取反，如［^a－f］表示除了 a、b、c、d、e、f 之外的任意一个字符
［\b］	退格符号（Backspace）

例如，匹配固定的字符串的代码如下：

```
>>> import re
>>> text="张三,来自中国传媒大学,学号：20230001,电话：12300001234,010-1230001234,
    邮箱：zs@cuc.edu.cn。微信号：zhangsan"
>>> re.search('zhangsan',text)
    <re.Match object; span=(77, 85), match='zhangsan'>
```

re.search()返回 Match 对象，正则表达式'zhangsan'表示匹配内容为"zhangsan"。

```
>>> print(re.match('zhangsan',text))
    None
```

re.match()从字符串的起始位置匹配模式，因为"zhangsan"不是起始位置，所以返回 None。

```
>>> re.findall("zhangsan",text)
    ['zhangsan']
```

re.findall()在字符串中找到正则表达式匹配的所有子串，并返回一个列表，所以返回的是
['zhangsan']。

```
>>> re.findall(r'\d',text)
    ['2', '0', '2', '3', '0', '0', '0', '1', '1', '2', '3', '0', '0', '0', '0',
    '1', '2', '3', '4', '0', '1', '0', '1', '2', '3', '0', '0', '0', '1', '2',
    '3', '4']
```

"\d"表示匹配一个数字，findall()表示将匹配结果以列表形式返回。

2. 重复表达式

可以用表 7-6 中的字符表示重复次数。

表 7-6　正则表达式表示重复的符号

字　　符	含　　义	字　　符	含　　义
*	表示 0 或多个表达式	{2,5}	表示 2～5 个表达式
+	表示 1 或多个表达式	{2,}	表示至少 2 个表达式
?	表示 0 或 1 个表达式	{,5}	表示最多 5 个表达式
{2}	表示 2 个表达式		

例如：

```
>>>  re.findall(r'\d+',text)
     ['20230001', '12300001234', '010', '1230001234']
```

"\d＋"表示匹配一个或多个数字。

3. 限定位置

在模式匹配中,有时需要限定模式出现的位置,例如行首、行尾或者在特定字符之后等。常用的表示位置的符号如表 7-7 所示。

表 7-7　正则表达式位置符号

表　达　式	含　　　义
^	匹配一行字符串的开头
\A	匹配字符串开头
$	匹配一行字符串的结尾。在多行模式下,它可以匹配每行的结束位置
\Z	匹配字符串的结尾。如果字符串以换行符结束,则只匹配换行符之前的位置
\b	单词边界
\B	非单词边界

4. 组合模式

将多个简单的模式组合在一起可以表达复杂的逻辑,组合时可以直接将多个表达式拼接,也可以用"|"表示二选一,或者用"()"表示分组(表 7-8)。

表 7-8　正则表达式组合模式

表　达　式	含　　　义
\d{6}[a−z]{6}	多个模式拼接在一起组成一个复杂的模式,如\d{6}[a−z]{6}表示 6 个数字后面跟着 6 个小写字母
|	表示或的关系
()	表示分组,分组后可以以组为单位应用量词,如(abc){3}表示 abc 重复 3 次,即abcabcabc

例如：

```
re.findall(r'1\d{10}',text)
```

表示以数字 1 开始,后面有 10 个数字。

电子邮箱的格式为：1~n 个字符@1~n 个字符.2~3 个字符。所以可以用下列正则表达式表示：

```
re.findall(r'[A-Za-z0-9._%+-]+@[A-Za-z0-9.-]+\.[A-Za-z]{2,}', text)
```

[A−Za−z0−9._%＋−]表示大写字母、小写字母、0~9 的阿拉伯数字,以及"._%＋−"符号中的任意多个字符,\.[A−Za−z]{2,}表示 2 个以上的大小写字母。

5. 书写正则表达式

书写正则表达式的基本步骤如下：

（1）模式包含几个子模式。

（2）各部分的字符分类是什么。

（3）各个部分如何重复。

（4）是否有外部位置限制。

（5）是否有内部制约关系。

例 7.9 匹配形如 010-12341234-1234 的电话号码。

- 确定模式包含几个子模式。

  分析上面的电话号码及我国常用的座机号码格式可知,带分机的电话号码的基本格式为：3～4 位数字-7～8 位数字-3～4 位数字。

- 各部分的字符分类是什么。

  本例中都是数字,故可用字符"\d"表示,即"\d-\d-\d"。

- 各个部分如何重复。

  原字符由"-"分成了三部分,第一部分数字重复 3～4 次,第 2 个部分数字重复 7～8 次,第 3 部分数字重复 3～4 次,因此可表示为：\d{3,4}-\d{7,8}-\d{3,4}。

  考虑到有的座机没有分机号,所以用或运算符加上没有分机号的情况,表示为：\d{3,4}-\d{7,8}-\d{3,4}|\d{3,4}-\d{7,8}。

- 是否有外部位置限制：无。

- 是否有内部制约关系：无。

具体代码如下：

```
import re
text="随机数字 : 12344556565,座机: 010-12341234-0102,座机: 0123-2345678"
print(re.findall(r'\d{3,4}-\d{7,8}-\d{3,4}|\d{3,4}-\d{7,8}',text))
```

例 7.10 爬取中国传媒大学 2024 年攻读硕士学位研究生招生简章（https://yz.cuc.edu.cn/2023/0920/c8550a211933/page.htm）,查找出所有学费、电话号码、邮箱信息。（eg7_10_re_cuc.py）

（1）利用爬虫爬取网页 https://yz.cuc.edu.cn/2023/0920/c8550a211933/page.htm。

（2）利用 BeautifulSoup 或 XPath 解析网页,获取网页内容。

（3）分析网页内容,利用正则化表达式解析所需内容。

学费的规则为：数字+元/学年,可表示为"\d+元/学年"。

电话号码的格式为："1xxxxxxxxxx"的手机号或"xxx-xxxx xxxx "的座机号码。所以可以用正则表达式"1\d{10}|\d{3}-\d{8}"表示。

电子邮箱格式的正则表达式可用前述例子所讲的内容实现。

参考代码如下：

```
import requests
from bs4 import BeautifulSoup
import re
url ='https://yz.cuc.edu.cn/2023/0920/c8550a211933/page.htm'
response =requests.get(url)
response.encoding='utf-8'
soup =BeautifulSoup(response.text, 'html.parser')
```

```
content =soup.select_one('.wp_articlecontent').get_text().strip()
#找出文中所有数字
numbers =re.findall(r'\d+元/学年', content)
print(numbers)
#找出上文中所有电话号码
'''格式为:1* * * * * * * * *的手机号
格式为 (xxx)xxx-xxxx 的电话号码。
格式为 xxx-xxxxxxxx 的电话号码。'''
phone_numbers =re.findall(r'1\d{10}|\d{3}-\d{8}', content)
print(phone_numbers)
#找出电子邮箱
email_addresses =re.findall(r'[A-Za-z0-9._%+-]+@[A-Za-z0-9.-]+\.[A-Za-z]
{2,}', content)
print(email_addresses)
```

7.5　Selenium

在爬取网页时,有时会出现这样的情况:在浏览器上看到的内容与爬虫从网站上爬取的内容不一样;或者有时会发现,网页重定向到了另一个页面,但网页的 URL 在这个过程中一直没有发生变化。这些都是因为爬虫不能执行那些让页面产生各种神奇效果的 JavaScript 代码而导致的。Python 提供了许多模拟浏览器运行的库,如 Selenium、Splash、Pypetter、Playwright 等,可以帮助我们实现"所见即所爬"。有了这些库,就不需要再为爬取动态渲染的页面发愁了。本部分介绍 Selenium 爬取网页的原理和方法。

Selenium 最初是为网站自动化测试而开发的,通过模拟用户行为来实现对网页的自动化操作。Selenium 爬虫有以下特点。

- 模拟真实用户行为:Selenium 可以模拟用户点击、输入、滚动等操作,使得爬虫行为更接近于正常用户的浏览行为,降低被目标网站检测到的风险。
- 支持动态加载内容:Selenium 可以处理 JavaScript 动态渲染的页面,能够获取 AJAX 请求后加载的数据,这是很多传统爬虫难以做到的。
- 灵活性:Selenium 提供了丰富的 API,可以根据需求灵活地订制爬虫的行为。

Selenium 自己不带浏览器,需要与第三方浏览器集成才能运行。在使用 Selenium 爬取网页时,需要安装浏览器驱动 WebDriver。WebDriver 是用于控制浏览器并与之通信的接口,支持 Chrome、Firefox、Safari、Internet Explorer 等多种浏览器,不同浏览器的 WebDriver 不同。

Selenium 为 Python 第三方库,使用前需要先进行安装:

```
pip install selenium
```

下面以 ChromeDriver 的安装为例,说明 WebDriver 的安装方法。注意,ChromeDriver 的版本与 Chrome 浏览器的版本要一致。

(1) 查看 Chrome 浏览器版本:打开 Google Chrome 浏览器,在浏览器右上角单击 3 个点(设置)→帮助→关于 Google Chrome,查看 Chrome 版本号。或者在 Chrome 浏览器中输入"chrome://version/",然后按 Enter 键就可以看到浏览器的详细版本信息,如图 7-19 所示。

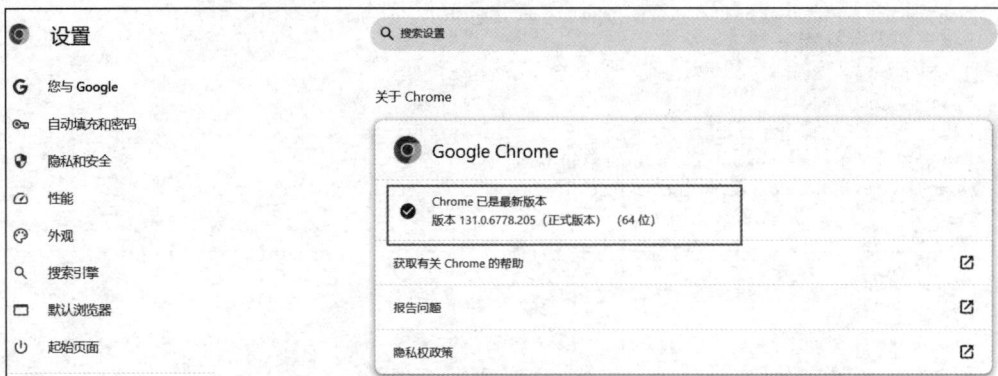

图 7-19　ChromeDriver 版本

（2）下载 ChromeDriver：访问 ChromeDriver 的官方下载页面 https://sites.google.com/chromium.org/driver/downloads。在页面中，找到与 Chrome 浏览器版本相对应的 ChromeDriver 版本进行下载。

（3）安装 ChromeDriver：下载完成后，解压 ChromeDriver 文件。

（4）可以将 ChromeDriver 的路径添加到系统环境变量，也可以不添加。在使用时，通过引入 Service 对象来设置 ChromeDriver 的路径。例如：

```
from selenium import webdriver
from selenium.webdriver.chrome.service import Service as ChromeService
service =ChromeService(#executable_path 指定 chromedriver.exe 的路径)
options =webdriver.ChromeOptions()
driver =webdriver.Chrome(service=service, options=options)
```

7.5.1　Selenium 网页爬取

Selenium 网页爬取的基本流程如图 7-20 所示。

例 7.11　利用 Selenium 爬取 https://www.baidu.com/ 页面。（eg7_11_selenium_base.py）参考代码如下：

```
from selenium import webdriver
import time
driver=webdriver.Chrome()
driver.get("https://www.baidu.com/")
time.sleep(5)
page_text=driver.page_source
print(page_text)
driver.quit()
```

driver.pageSource 返回当前 WebDriver 打开的浏览器窗口所加载的 HTML 页面源代码。sleep()用于设置打开的网页停留几秒。driver.quit()用于关闭 WebDriver 打开的所有浏览器窗口，并终止与 WebDriver 实例相关联的所有资源。

7.5.2　元素定位与交互

利用 Selenium 爬取有交互操作的网页内容时，需要先模拟操作网页的操作，然后爬取内容。因此在对 URL 发起请求后，需要定位要操作的元素并执行操作，然后获取网页内容。具体流程如图 7-21 所示。

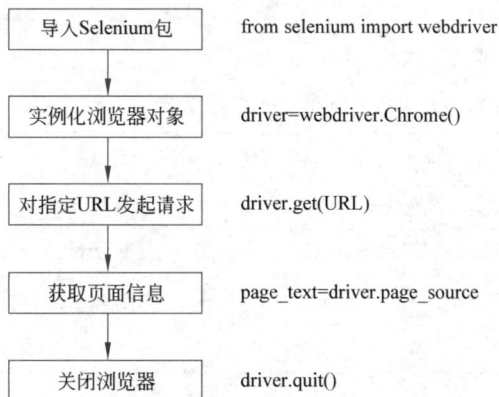

图 7-20　Selenium 网页爬取基本流程（1）　　图 7-21　Selenium 网页爬取基本流程（2）

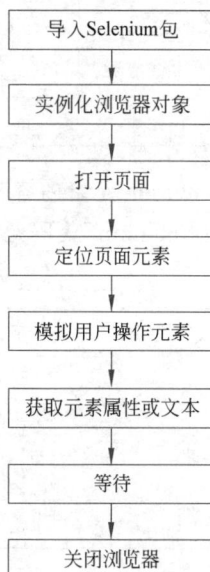

1. Selenium 元素定位

Selenium 库是一个在 WebDriver 对象上调用的 API。WebDriver 可以像 BeautifulSoup 对象一样用来查找页面元素，与页面上的元素进行交互（发送文本、点击等），以及执行其他动作来运行网络爬虫。BeautifulSoup 用 find() 和 find_all() 方法等选择页面元素。Selenium 用 find_element() 和 find_elements() 方法查找元素，其参数可以是类名、ID 名、标签名、链接文本、Xpath 等定位器。具体语法可以参考表 7-9。

表 7-9　Selenium 定位器

定 位 器	语 法	说 明
类名	By.CLASS_NAME	通过 HTML 的 class 属性来查找元素
CSS 选择器	By.CSS_SELECTOR	通过 CSS 的 class、id、tag 属性名来查找元素
ID	By.ID	通过 HTML 的 id 属性查找元素
名称	By.NAME	通过 name 属性查找 HTML 标签
链接文本	By.LINK_TEXT	通过链接文字查找 HTML 的 <a> 标签
部分链接文本	By.PARTIAL_LINK_TEXT	与 LINK_TEXT 类似，只是通过部分链接文本来查找
标签名称	By.TAG_NAME	通过标签名称查找 HTML 标签
XPath	By.XPATH	用 Xpath 表达式选择匹配的元素

2. Selenium 元素操作

Selenium 支持与页面元素进行各种交互操作。使用 Selenium 进行元素交互的一些常见操作如表 7-10 所示。

表 7-10　Selenium 常用元素操作

事　件	语　法	示　例
点击	click()	submit_button.click()
发送信息	send_keys()	text_box.send_keys("中国传媒大学")
清除	clear()	clr_button.clear()

3. Selenium 元素内容获取

利用 Selenium 获取元素内容的属性或方法如表 7-11 所示。

表 7-11　Selenium 获取元素内容的常用属性或方法

属性或方法	含　义	属性或方法	含　义
size	返回元素大小	get_attribute	获取属性值
text	获取元素的文本	is_display()	判断元素是否可见
title	获取页面 title	is_enabled()	判断元素是否可用
current_url	获取当前页面 URL		

例 7.12　利用 Selenium 爬取百度网页以"大模型"为关键词的搜索结果。

分析：在搜索框中输入关键词进行搜索（图 7-22）。

图 7-22　百度搜索界面

搜索过程为：首先定位搜索框，发送搜索关键词，模拟单击"搜索"按钮或按 Enter 键进行搜索。可以利用 HTML 元素的 name、id、class 属性定位搜索框。如利用 id 定位搜索框 driver.find_element(By.ID，"kw")。

按 Enter 键 search_box.send_keys(Keys.RETURN)。

参考代码如下：

```
from selenium import webdriver
from selenium.webdriver.common.by import By
```

```
from selenium.webdriver.chrome.service import Service as ChromeService
from selenium.webdriver.common.keys import Keys
from selenium.webdriver.support.ui import WebDriverWait
from selenium.webdriver.support import expected_conditions as EC

#设置驱动的路径,启动浏览器
service =ChromeService(executable_path="chromedriver.exe")
options =webdriver.ChromeOptions()
driver =webdriver.Chrome(service=service, options=options)
try:
    #打开百度首页
    driver.get("https://www.baidu.com")
    #查找搜索框元素
    search_box =driver.find_element(By.ID, "kW")
    #输入搜索内容
    search_box.send_keys("大模型")
    #提交搜索表单
    search_box.send_keys(Keys.RETURN)
    #等待搜索结果加载
    WebDriverWait(driver, 10).until(
        EC.presence_of_element_located((By.ID, "content_left"))
    )
    #打印页面标题
    print("页面标题是: ", driver.title)
    #保存爬取结果
    with open("baidu_search_results.html", "w", encoding="utf-8") as f:
        f.write(driver.page_source)
finally:
    #关闭浏览器
    driver.quit()
```

例 7.9 中用 sleep()函数设置等待时间,在实际加载网页时,页面的加载时间是不确定的。假设页面只需要 2 秒的加载时间,但我们设置了 5 秒,则会影响爬取效率。

如果页面加载时间超过 5 秒,则会导致定位失败。为解决这个问题,可以使 Selenium 提供的一个显式等待机制 WebDriverWait(),等待某个条件成立后再继续执行。WebDriverWait().until()会在指定的时间内等待某个条件成立,如果条件在指定时间内成立,则继续执行;如果条件在指定时间内未成立,则抛出超时异常。例如:

```
WebDriverWait(driver, 10).until(
    EC.presence_of_element_located((By.ID, "content_left"))
)
```

当执行这段代码时,WebDriver 会定期检查页面中是否存在 ID 为 content_left 的元素。如果在 10 秒内该元素出现在 DOM 中,则继续执行后续代码。如果 10 秒内该元素没有出现,则抛出 TimeoutException 异常。

EC.presence_of_element_located((By.ID, "content_left")):EC 是 selenium.webdriver.support.expected_conditions 的别称,提供了一系列等待条件;presence_of_element_located 是一个等待条件,表示等待某个元素出现在 DOM 中,但并不一定可见;(By.ID, "content_left")是一个定位器,表示通过元素的 ID 属性来定位元素,这里定位的元素 ID 是 content_left。

DOM 触发状态是用 selenium.webdriver.support 中的 expected_conditions 定义的。

在 Selenium 库中，元素被触发的期望条件有很多种，包括：

- 弹出一个提示框；
- 一个元素（如文本框）被选中；
- 页面的标题改变了，或者文本显示在页面上或某个元素里；
- 一个元素对 DOM 可见，或者一个元素从 DOM 中消失。

例如本例的触发条件是 ID 为 content_left 的元素出现。

‖本章小结

数据采集是数据分析的基础，本章介绍了利用爬虫程序进行数据采集的方法。

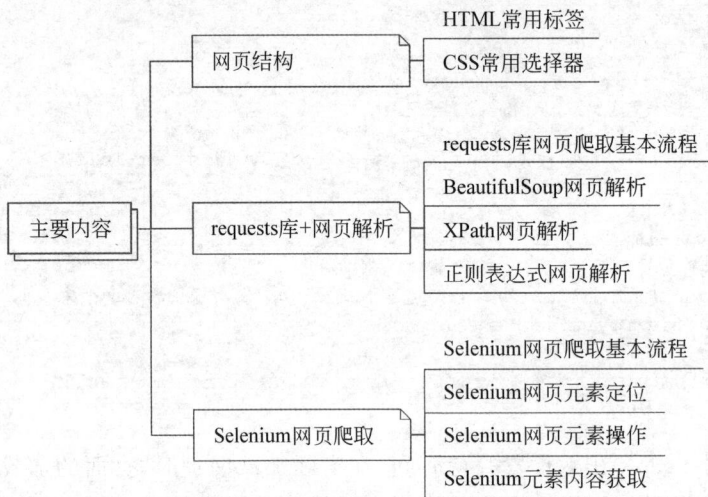

‖思考与练习

1. 爬取 https://www.shicimingju.com/book 中《三国演义》的各章标题及内容，并保存在 sanguo.txt 文件中。

2. 爬取知乎（https://www.zhihu.com/）上关键词"人工智能"的搜索结果。

第 8 章　文 本 分 析

▌学习目标

(1) 了解文本分析的意义
(2) 学会利用 jieba 进行中文分词、词频统计、关键词提取
(3) 学会利用 wordcloud 制作词云
(4) 了解文档主题模型提取

文本分析在信息提取、情感分析、自动化处理、知识发现、智能推荐和舆情监测等方面发挥着重要作用。常用的文本分析有分词、词性分析、关键词提取、摘要分析、主题分析等。

▌8.1　中文分词 jieba 库

分词是文本分析的基础。英文文本词与词之间有空格间隔,可以利用字符串的 split() 方法进行分词。中文文本词与词之间没有特定的分隔符号,需要借助工具进行分词等文本处理。在 Python 中,常用的中文分词库有 jieba、SnowNLP、HanLP、THULAC 等。jieba 是 Python 中最常用的中文分词工具,支持多种分词模式、自定义词典、TF-IDF 和 TextRank 两种算法的关键词提取。

jieba 库可以用 pip 命令在线安装,也可以利用源代码离线安装。

（1）**在线安装**:在命令行窗口运行:

```
pip install jieba #或者 pip3 install jieba
```

（2）**利用源代码安装**。

- 在 http://pypi.python.org/pypi/jieba/ 下载 jieba 的源代码,如 jieba-0.42.1.tar.gz。
- 解压文件,并进入解压后的目录。
- 在命令行窗口运行:

```
python setup.py install
```

8.1.1　jieba 分词

1. 分词

jieba 库支持 4 种分词模式:精确模式、安全模式、搜索引擎模式和 paddle 模式。jieba 提供 cut() 和 lcut() 两种分词方法,这两种分词方法功能相似,函数参数含义相同,返回结果

类型不同。jieba.cut()方法返回可迭代的生成器，jieba.lcut()方法返回分词结果的列表对象。下面以 jieba.lcut()方法为例进行说明，该方法可以实现精确模式或全模式分词，返回分词结果列表。其语法格式如下：

```
jieba.lcut(sentence, cut_all=False, HMM=True, use_paddle=False)
```

- sentence：需要分词的字符串。
- cut_all：用来设置是否采用全模式，cut_all ＝True 表示全模式，cut_all＝False 表示精确模式。
- HMM：用来设置是否使用 HMM(Hidden Markov Model) 模型。
- use_paddle：用来设置是否利用 PaddlePaddle 深度学习框架实现分词。
- 使用 paddle 模式需安装 paddlepaddle-tiny。目前，paddle 模式支持 jieba v0.40 及以上版本。

搜索引擎模式用 lcut_for_search()或 cut_for_search()方法实现。该方法适合用于搜索引擎构建倒排索引的分词，粒度比较细，其语法格式如下：

```
jieba.lcut_for_search(sentence, HMM=True)
```

其参数与 jieba.lcut()方法含义相同。

例 8.1　比较不同分词模式的结果。（eg8_1_jieba 分词基础.py）

```
import jieba
sentence="我是中国传媒大学的一名学生"
#精确模式
seglist=jieba.lcut(sentence)
print("精确模式分词结果{}".format(seglist))
#全模式
seglist=jieba.lcut(sentence,cut_all=True)
print("全模式分词结果{}".format(seglist))
#搜索引擎模式
seglist=jieba.lcut_for_search(sentence)
print("搜索引擎模式分词结果{}".format(seglist))
```

运行结果为：

```
精确模式分词结果['我', '是', '中国', '传媒大学', '的', '一名', '学生']
全模式分词结果['我', '是', '中国', '中国传媒', '传媒', '传媒大学', '大学', '的', '一名',
'名学', '学生']
搜索引擎模式分词结果['我', '是', '中国', '传媒', '大学', '传媒大学', '的', '一名', '学
生']
```

精确模式试图将句子最精确地切开，适合文本分析，单词无冗余。例如：精确模式下"中国传媒大学"分为"中国""传媒大学"两个词。

全模式是把句子中所有可以成词的词语都扫描出来，分词结果存在冗余。例如：全模式下"中国传媒大学"被分为"中国""中国传媒""传媒""传媒大学""大学"5 个词，存在冗余。

搜索引擎模式是在精确模式的基础上对长词再次切分，以提高召回率，适合用于搜索引擎分词。例如：搜索引擎模式下，"中国传媒大学"被分为"中国""传媒""大学""传媒大学"4个词。

2. 调整词典

实际上,"中国传媒大学"是一所高校的名称,不需要分为"中国""传媒""大学"等词,而是应该作为一个词进行分隔,那该如何实现? 要实现这种分词结果,需要先了解 jieba 分词的原理。

jieba 分词依据 jieba 的词典,该词典存放在 jieba 安装目录下的 dict.txt 文件中。虽然 jieba 有新词识别能力,但是自行添加新词可以保证更高的正确率。对于词典中没有的词,开发者可以在分词时添加新词或为 jieba 指定自定义的词典,也可以用 del_word(word) 在程序中动态删除词典中的词。

add_word()方法可以实现在程序中动态添加新词。例如:

```
add_word(word, freq=None, tag=None)
```

- word:表示要加入词典的新词。
- freq:表示词语出现的频率,其值为整数。如果未提供,则 jieba 会使用一个默认频率。在大多数情况下,如果只是想添加一个新词到词典中,而且并不关心它的频率,可以省略这个参数。
- tag:是一个可选参数,其值为字符串形式,表示词语的词性。jieba 分词默认支持一些词性标签,如名词(n)、动词(v)、形容词(a)等。如果知道新词的词性,并且希望 jieba 在分词时考虑到这个信息,可以通过 tag 参数指定。如果不确定词性或者不关心词性,可以省略这个参数。

下面动态添加"中国传媒大学"新词,并进行分词。例如:

```
import jieba
s="我是中国传媒大学的一名学生"
jieba.add_word("中国传媒大学")#动态添加新词
words=jieba.lcut(s)
print("分词结果为: {}".format(words))
```

程序运行结果为:

```
分词结果为: ['我', '是', '中国传媒大学', '的', '一名', '学生']
```

可见,"中国传媒大学"作为一个词进行了分词。

add_word()方法是在程序中动态添加新词,也可以指定自定义词典。自定义词典的格式和 dict.txt 文件内容一样,一个词占一行;每一行分三部分:词语、词频(可省略)、词性(可省略),各项之间用空格隔开,顺序不可颠倒。如果要使用自定义词典,可以用 jieba.load_userdict(file_name) 载入新词典,file_name 为文件类对象或自定义词典的路径。该方法是在默认词典的基础上补充自定义词。也可以不用 jieba 的默认词典进行分词,而是用其他词典。用 jieba.set_dictionary('新词典文件')指定其他词典文件,该方法会直接替换 jieba 默认的词典。

8.1.2　词性标注

不同词性的词语在句子中承担着不同的语法功能。词性识别有助于更准确地理解文本中的词汇含义和句子结构,从而更准确地把握文本的整体意义。可以用 jieba.posseg 库中的相关方法进行词性标注。方法如下：

```
import jieba.posseg as pseg
pseg.cut()  #或 pseg.lcut()
```

cut()方法返回的是生成器，lcut()方法以列表形式返回结果。

例 8.2　对给定字符串进行分词，并进行词性标注。（eg8_2_词性标注.py）

```
import jieba.posseg as pseg
sentence="教育、科技、人才是全面社会主义现代化建设国家的基础性、战略性支撑。必须坚持科
技是第一 生产力、人才是第一资源、创新是第一动力，深入实施科教兴国战略、人才强国战略、创新
驱动发展战略。"
for i in ["、","。","，"]:
    sentence=sentence.replace(i,"")
words=pseg.cut(sentence)
for word,flag in words:
    print("%s %s"%(word,flag))
```

for 循环中的 sentence.replace(i,"") 是将字符串中的“、”“”“，”等标点符号替换掉，pseg.
cut()方法用于进行分词和词性标注。程序运行结果如下：

```
教育 vn
科技人才 n
是 v
全面 n
建设 vn
社会主义 n
现代化 vn
国家 n
```

其中，vn、n、v 等表示词性。词性与对应标签的关系如表 8-1 所示。

表 8-1　词性与对应标签

标　签	含　　义	标　签	含　　义	标　签	含　　义	标　签	含　　义
n	普通名词	f	方位名词	s	处所名词	t	时间
nr	人名	ns	地名	nt	机构名	nw	作品名
nz	其他专名	v	普通动词	vd	动副词	vn	名动词
a	形容词	ad	副形词	an	名形词	d	副词
m	数量词	q	量词	r	代词	p	介词
c	连词	u	助词	xc	其他虚词	w	标点符号
PER	人名	LOC	地名	ORG	机构名	TIME	时间

8.1.3　关键词提取

关键词提取有助于用户迅速了解文本内容的核心信息，jieba.analyse 库提供相关关键词提取方法。jieba 提供了基于 TF-IDF 和基于 TextRank 两种算法的关键词提取方法。

1. 基于 TF-IDF 算法的关键词提取

TF-IDF（Term Frequency-Inverse Document Frequency，词频-逆文档频率）算法可以

衡量一个词语在文档中的重要程度。高 TF-IDF 分数的词语被认为是更重要的。其计算方法为

$$\mathrm{TF(t,d)} = \frac{f_{\mathrm{t,d}}}{N_{\mathrm{d}}}$$

- $f_{\mathrm{t,d}}$ 是词 t 在文档 d 中出现的次数。
- N_{d} 是文档 d 的总词数。

IDF(Inverse Document Frequency，逆文档频率)算法可以衡量一个词在整个文档集中的重要性。其计算方法为

$$\mathrm{IDF(t,D)} = \log\left(\frac{N}{1+n_{\mathrm{t}}}\right)$$

- N 是文档集中的文档总数。
- n_{t} 是包含词 t 的文档数。
- 分母加 1 是为了避免分母为 0 的情况。

TF-IDF 的计算方法为

$$\mathrm{TF\text{-}IDF(t,d,D)} = \mathrm{TF(t,d)} \times \mathrm{IDF(t,D)}$$

TF-IDF 算法用于衡量词的重要性，该算法忽略词序、无法捕捉语义、对长文档的高频词以及罕见词敏感。

jieba 中基于 TF-IDF 算法抽取关键词的方法如下：

```
jieba.analyse.extract_tags(sentence, topK=20, withWeight=False, allowPOS=('ns',
'n', 'vn', 'v',…))
```

- sentence：待提取的文本。
- topK：返回 TF/IDF 权重最大的关键词的个数，默认值为 20。
- withWeight：是否一并返回关键词权重值，默认值为 False，表示只返回包含关键词的列表。
- allowPOS：指定包括的词性，默认值为空，即不筛选。

2. 基于 TextRank 算法的关键词提取

TextRank 是一种基于图的排序算法，用于从文本中提取关键词。TextRank 的基本思想是将文本中的词语视为图中的节点，词语之间的共现关系视为边，然后通过迭代计算节点的权重来确定关键词。TextRank 算法利用下列公式迭代更新每个节点的权重：

$$PR(V_i) = (1-d) + d \sum_{v_j \in In(V_i)} \frac{PR(V_j)}{L(V_j)}$$

其中，$PR(V_i)$ 是节点 V_i 的权重，d 是阻尼因子(通常为 0.85)，$In(V_i)$ 是指向节点 V_i 的所有节点集合，$L(V_j)$ 是节点 V_j 指向的所有节点集合。当节点权重的变化小于某个阈值时，认为迭代已经收敛，停止迭代。最后，对节点权重进行归一化处理，得到最终的关键词权重。根据节点权重，选择权重较高的节点作为关键词。

TextRank 算法不仅考虑了词频，还考虑了词之间的上下文关系，能够较好地处理一词多义的情况。TextRank 算法的计算复杂度较高，提取速度相对较慢，性能受文本长度的影响，短文提取效果较差。

基于 TextRank 的关键词提取方法如下：

```
jieba.analyse.textrank(sentence, topK=20, withWeight=False, allowPOS=('ns',
'n', 'vn', 'v',…))
```

例 8.3 提取党的二十大报告的前 10 个关键词。（eg8_3_关键词提取.py）

```
import jieba
import jieba.analyse
file_name="data//report20CH.txt"
topK=10
content =open(file_name, 'rb').read()
results=jieba.analyse.extract_tags(content,withWeight=True,topK=topK)
for x,w in results:
    print("%s %s"%(x,w))
```

运行结果为

```
坚持 0.08514753809739857
发展 0.06713447084123697
建设 0.063474218824851408
社会主义 0.06258150897790507
人民 0.06013047251651477
体系 0.05474315157939702
推进 0.05288067688006202
现代化 0.04936548459344043
全面 0.04892987175308381
加强 0.04246472173119821
```

修改上述代码，实现基于 TextRank 方法的关键词提取：

```
results=jieba.analyse.textrank(content,withWeight=True,topK=topK)
```

运行结果为：

```
发展 1.0
建设 0.7657717045937836
坚持 0.7045025546969431
人民 0.5959569018097352
体系 0.582169003380737
中国 0.5512450364311178
社会主义 0.5395729077856802
国家 0.502935836940944
推进 0.4925755615757398
加强 0.4884248408088154
```

由上述结果可见，同一篇文章因为提取关键词的算法不同，提取出的关键词是排序也有所不同。实际使用过程中，可以根据语料内容选择合适的关键词提取方法。

‖ 8.2　wordcloud 词云制作

8.2.1　wordcloud 概述

词云图（word cloud）是一种数据可视化技术，用于展示文本数据中词汇的重要性和频率。词云图将词汇按照出现的频率进行排列，并根据频率调整字体大小、颜色和位置，从而生成一个视觉上类似云彩的图形。词云图中词的大小、颜色用来反映其在文本中的频率或重要性,词云中字体较大的词在文本中出现的次数较多或较为重要。通过词云图,读者能够迅速识别文本中的热点词汇或主题,有利于了解文本重点内容。

制作词云图常用的库有 wordcloud、pyecharts、stylecloud 等。本节介绍 wordcloud 的使用。

利用 pip 命令在命令行安装 wordcloud:

```
pip install wordcloud
```

利用 wordcloud 制作词云的基本步骤如下。

(1) 引入 wordcloud 库:import wordcloud。

(2) 生成词云对象:w＝wordcloud.WordCloud()。

(3) 配置参数。

(4) 加载文本:w.generate(txt)。其中,参数 txt 必须为以空格分隔的字符串,若要生成中文词云图,则需先将生成词云的中文字符串进行分词,然后组成以空格分隔的字符串。

(5) 显示或保存词云图:w.to_file(filename)可保存词云图。

例 8.4　制作英文字符串词云图。(eg8_4_英文词云图.py)

```
import wordcloud
txt="I will run I will climb I will soar Jumping out of my skin pull the chord Yeah
I believe it The past is everything we were don't make us who we are So I'll dream
until I make it real and all I see is stars It's not until you fall that you fly When
your dreams come alive you're unstoppable Take a shot chase the sun find the
beautiful We will glow in the dark turning dust to gold And we'll dream it
possible,Possible"
w=wordcloud.WordCloud()
w.generate(txt)
w.to_file("songWordCloud.png")
```

运行结果如图 8-1 所示。

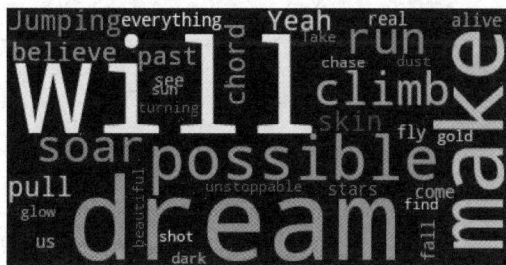

图 8-1　英文字符串默认词云图

默认生成的词云图为 400×200 的矩形形状,背景为黑色。

8.2.2　wordcloud 库解析

要想改变默认词云图的形状、大小、词云图中词的多少与显示大小等属性,需要设置 WordCloud() 的参数。WordCloud() 的常用参数如表 8-2 所示。

表 8-2　WordCloud() 的常用参数

参　　数	描　　述
width	指定词云图的宽度,默认为 400 像素
height	指定词云图的高度,默认为 200 像素
background_color	指定词云图的背景颜色,默认为黑色
min_font_size	指定词云图中显示的最小字号,默认为 4 号
max_font_size	指定词云图中最大的字体,默认根据高度自动调节
font_step	指定词云图中字体、字号的步间间隔,默认为 1
font_path	指定词云图的字体文件路径,默认为 None
max_words	指定词云图显示的最大单词数量,默认为 200
stop_words	指定词云图要过滤的停用词,停用词可以是集合(set)、列表(list)或元组(tuple)形式
mask	指定词云形状,其值为图像文件对应的数组,mask 图像中有颜色的地方会被填上词。如果指定了 mask,则词云大小为 mask 图像的大小,词云对象的 width、height 属性被忽略

如果需要指定词云图形状 mask,则需要由其他可以处理图像的库读入图像。利用 matplotlib、pillow、imageio 等库都可以读入图像,然后将读入的图像作为 mask 属性的值。

例 8.5　修改例 8.4,设置词云图的背景颜色和形状。(eg8_5_英文词云图.py)

```
import wordcloud
import matplotlib.pyplot as plt
txt="I will run I will climb I will soar Jumping out of my skin pull the chord Yeah
I believe it The past is everything we were don't make us who we are So I'll dream
until I make it real and all I see is stars It's not until you fall that you fly When
your dreams come alive you're unstoppable Take a shot chase the sun find the
beautiful We will glow in the dark turning dust to gold And we'll dream it
possible,Possible"
stopwords=['I','will','are','of','the','it','is','and','we','you']
mask=plt.imread('image/heart.jpg')          #词云图像
w=wordcloud.WordCloud(stopwords=stopwords,background_color="#FFFFFF",
mask=mask)
w.generate(txt)
w.to_file("pywordcloud.png")
```

在生成词云图对象时,stopwords 指定了停用词,停用词可以是元组、列表或集合。background_color 指定了背景颜色,mask 指定了词云形状。指定词云形状时,先用图像工具读入要作为 mask 的图像,本例中用 matplotlib 库的 imread() 方法读入了图像,也可以用 imageio、pillow 等图像处理库读入图像。

程序运行结果如图 8-2 所示。

词云形状由原来默认的矩形变成了指定的心形。另外,原词云图中显示的"will"一词因为在停用词列表中,故没有在词云图中再显示。

例 8.6　生成中文词云图。(eg8_6_中文词云图.py)

图 8-2 指定形状的词云图

将例 8.4 中的字符串改为中文,运行程序,查看运行结果,分析原因。

```
import wordcloud
txt="五年来,我们坚持和加强党的全面领导、党中央集中统一领导,全力推进全面建成小康社会
进程,完整、准确、全面贯彻新发展理念,着力推动高质量发展,主动构建新发展格局,蹄疾步稳推进
改革,扎实推进全过程人民民主,全面推进依法治国,积极发展社会主义先进文化,突出保障和改善
民生,集中力量实施脱贫攻坚战,大力推进生态文明建设,坚决维护国家安全,防范化解重大风险,
保持社会大局稳定,加大力度推进国防和军队现代化建设,全方位开展中国特色大国外交,全面推
进党的建设新的伟大工程。"
w=wordcloud.WordCloud()
w.generate(txt)
w.to_file("wordclodCH.png")
```

运行结果如图 8-3 所示。

词云图中的中文没有正常显示,这是因为 wordcloud 库默认使用的是西文字体,要想正常显示中文,需要指定 font_path 参数,设置 font_path="字体文件的路径",如 font_path="simhei.ttf"。字体可以使用系统已安装的 TrueType 字体(ttf 格式)或 OpenType 字体(otf 格式),也可使用自定义字体。系统已经安装的字体通常在操作系统的字体目录下。在 Windows 系统中,字体通常位于"C：\Windows\Fonts"目录下;在 macOS 系统中,字体位于"/Library/Fonts"或"/System/Library/Fonts"目录下;在 Linux 系统中,字体可能位于"/usr/share/fonts"或"~/.local/share/fonts"目录下。通过 w=wordcloud.WordCloud(font_path="simhei.ttf")设置字体后,上述词云图显示如图 8-4 所示。

图 8-3 中文未正确显示的词云图

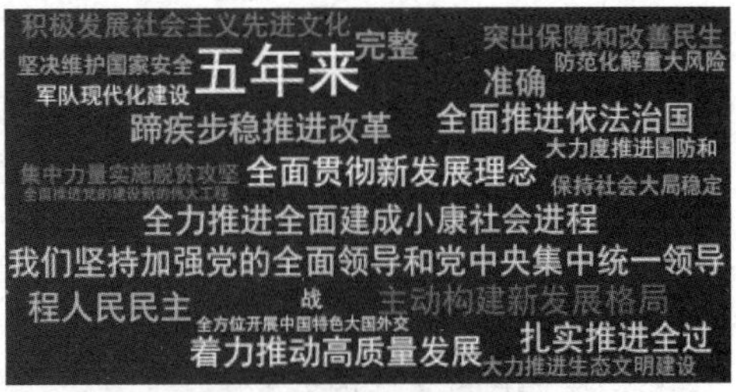

图 8-4 未正确分词的词云图

虽然中文正常显示,但词云图中显示的不是词语,而是短语或句子。这是因为

wordcloud.WordCloud()方法中，生成词云图的字符串默认是以空格分隔的字符串，上述例子中的中文字符串，词与词之间并未以空格作为分隔符。所以要想生成正确的中文词云图，需先进行中文分词，然后将分词结果转换为以空格分隔的词的字符串，再利用 wordcloud 制作词云。上述例子可以做如下修改：

```
words=" ".join(jieba.lcut(txt))
w.generate(words)
```

jieba.lcut(txt)对中文进行了分词，" ".join(jieba.lcut(txt))用空格连接分词结果列表形成字符串。w.generate(words)生成词云对象时，参数 words 为用空格拼接的字符串，不再是原始的中文字符串。

本例词云图的参考代码如下：

```
import wordcloud
import matplotlib.pyplot as plt
import jieba
txt="五年来,我们坚持和加强党的全面领导、党中央集中统一领导,全力推进全面建成小康社会进程,完整、准确、全面贯彻新发展理念,着力推动高质量发展,主动构建新发展格局,蹄疾步稳推进改革,扎实推进全过程人民民主,全面推进依法治国,积极发展社会主义先进文化,突出保障和改善民生,集中力量实施脱贫攻坚战,大力推进生态文明建设,坚决维护国家安全,防范化解重大风险,保持社会大局稳定,加大力度推进国防和军队现代化建设,全方位开展中国特色大国外交,全面推进党的建设新的伟大工程。"
words=" ".join(jieba.lcut(txt))
stopwords=['和','、',',','。 ']
mask=plt.imread('image/heart.jpg')
w=wordcloud.WordCloud(stopwords=stopwords,background_color="#FFFFFF",mask=mask,font_path="simhei.ttf")
w.generate(words)
plt.imshow(w, interpolation='bilinear')
plt.axis("off")
plt.show()
```

运行结果如图 8-5 所示。

图 8-5 中文词云图

上述例子中的文本内容较短，都是以字符串形式给出的，对于长文本，可以直接读入文件，然后对读入的内容生成词语。

例 8.7 制作党的二十大报告的全文词云图。（eg8_7_党的二十大报告.py）

参考代码如下:

```
import jieba
import wordcloud
import matplotlib.pyplot as plt
#读入党的二十大报告
with open("data/report20CH.txt","r",encoding='utf-8') as f:
    txt=f.read()
#分词并将分词结果转换为以空格隔开的字符串
words=" ".join(jieba.lcut(txt))
#读入停用词集合
with open("data/stopwords.txt","r",encoding='utf-8') as fp:
    stopwords=set(fp.read().splitlines())
#读入 mask 图像
mask=plt.imread('image/heart.jpg')
#生成词云对象
wc=wordcloud.WordCloud(stopwords=stopwords,background_color="white",mask=
mask,fo nt_path="simhei.ttf")
#加载文本
wc.generate(words)
#输出图像
wc.to_file("report20CH.png")
#词云图的显示
plt.imshow(wc)
plt.axis('off')
plt.show()
```

‖ 8.3　LDA 主题模型

如今,公司的产品需要改进,服务需要提高,经常会收集客户咨询、反馈、评论和讨论信息。怎样才能迅速地从海量的信息里洞察客户需求,进而有针对性地对产品或服务加以改进,这是一个亟待解决的问题。主题分析是一种文本分析技术,用于识别和描述文本集中的主要内容或主题,在市场研究、舆情分析、社交分析、个性化推荐、信息检索等领域有着广泛的应用。主题分析常用的方法有关键词分析、文本聚类、基于模型的方法以及深度学习方法等。LDA(Latent Dirichlet Allocation,隐含狄利克雷分布)是最常用的主题模型之一,该方法能够自动挖掘语料中主题和词汇之间的关联关系,有助于我们深入理解信息所蕴含的内在结构和背后隐藏的逻辑,为我们更好地服务客户、优化产品和服务提供强有力的支持。

8.3.1　LDA 主题模型简介

LDA 是一种概率主题模型,包含词、主题和文档三层结构。LDA 的基本思想是每个文档都是由多个主题按一定比例混合而成的,而每个主题又是由若干词汇按一定比例混合而成的。LDA 通过无监督学习的方式,自动从文档集合中发现这些潜在的主题,并为每个文档分配主题分布,同时为每个主题分配词汇分布。通过 LDA,我们可以揭示文档集合中的主题分布,并了解每个主题下哪些词汇出现的概率较高。例如,如果文章中出现较多"比分""胜利""参赛"等词汇,那么就可以判断这篇文章的主题大概率是体育类的。

LDA 主题模型在自然语言处理、文本挖掘、信息检索等领域有着广泛的应用,它可以用于文本分类、推荐系统、情感分析、舆情监测等任务。例如,在电商评论分析中,LDA 可以识别用户评论中的主题和情感倾向，从而为商家提供有价值的产品反馈信息。

LDA 主题模型的优势如下。

- 无监督学习：LDA 是一种无监督学习算法，不需要事先标注的训练数据，适用于处理大量未标记的文本。
- 主题发现：LDA 可以用于发现文本数据中的主题结构，帮助人们理解大规模文本集合中隐藏的语义信息。
- 灵活性：LDA 可以用于不同领域的文本数据，包括新闻文章、社交媒体评论、科学文献等，具有较强的通用性。
- 可解释性：LDA 生成的主题模型对于文本数据的结构和内容具有一定的可解释性，可以为用户提供洞察力。

LDA 模型的劣势如下。

- 超参数选择：LDA 需要人工设定主题数目，主题数目设置不合理会影响模型的准确性。
- 稀疏性：在处理大规模文本数据时，由于文本的稀疏性，LDA 模型可能面临对词频较低的词汇难以准确建模的问题。
- 不考虑词序：LDA 是基于词袋模型的，它忽略了词汇在文档中的顺序信息，可能损失一部分语境上下文的信息。

8.3.2 LDA 模型实现及可视化

Python 中实现 LDA 模型的库有很多种，常用的有 gensim、scikit-learn、Spark MLlib、Cntopic。下面介绍 gensim 库中 LDA 的实现。

利用 pip 命令安装 gensim 库：

```
pip install gensim
```

例 8.8 对 1500 篇新闻进行 LDA 主题提取。（eg8_8_LDA_cnews.py）

案例背景

识别文档集中新闻包含的主题，以及每个主题的主要关注点（每个主题的高频词）。

案例步骤

使用 gensim 库实现 LDA 主题模型基本过程如图 8-6 所示。

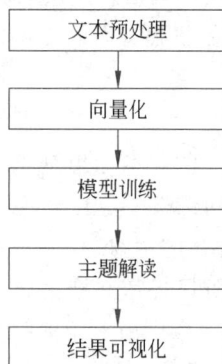

图 8-6　gensim 库的 LDA 主题模型实现步骤

（1）文本预处理：文本预处理的目标是得到文档集分词结果的列表。如使用 jieba 进行中文分词，去除停用词等。

（2）向量化：将文本数据转换为词袋（bag-of-words）表示形式，为 LDA 模型训练做准备。

（3）模型训练：使用 gensim 库中的 LDA 模型功能，根据设定的主题数目训练模型获取每个主题的词分布以及文档的主题分布。

（4）主题解读：根据 LDA 模型输出的结果识别和解读主题，分析各主题下的高频词，从而得到研究领域内的热点话题。

（5）结果可视化：利用可视化工具对主题进行可视化，更直观地理解各个主题的内容和分布情况。

案例实现

先导入用到的库。例如：

```
import pandas as pd
import jieba
from collections import Counter
from gensim import corpora
from gensim.models import LdaModel
import pyLDAvis.gensim_models as gensimvis
import pyLDAvis
```

1. 文本预处理

文本预处理的目标是得到文档集分析结果的列表。首先加载输入数据，并对其进行分词、去除停用词和标点符号等预处理。利用如下代码将文本预处理后，保存在 processed_text 列表中。

```
#读取文本
data=pd.read_csv("data/data.csv",index_col=0,header=0)
#将"content"列转为 list
texts =data["content"].to_list()
#处理文本
with open("data/stopwords.txt",encoding="utf-8") as f1:
        stopwords =set(f1.read().splitlines())
processed_text=[]
for txt in texts:
    words =jieba.lcut(txt)
#过滤停用词
    filtered_words =[word for word in words if word not in stopwords and word !=""
and not word.isdigit()]
#计算词频
    word_counts =Counter(filtered_words)
    #筛选出词频大于 1 的项
    words_with_freq_gt_1 = {word: freq for word, freq in word_counts.items() if
freq >1}
    words=[word for word in words_with_freq_gt_1]
    processed_text.append(words)
```

2. 向量化

向量化是指将文档转换为词袋向量(bag-of-words vectors)。这一步为每个词语分配了一个唯一的 ID，然后将文档中的词语转换为这些 ID 的集合。

- corpora.Dictionary()将文本语料库中的每个词映射到一个唯一的整数 ID。

```
corpora.Dictionary(
    documents=None,              #可选的初始文档列表
    prune_at=2000000             #词典最大容量,防止内存溢出
)
```

其中，documents 是可迭代的分词列表(如[['词 1', '词 2'], ['词 3', '词 4']])；prune_at 用于限制词典最大容量，当词的数量超过此值时，会自动清理低频词。

- dictionary.doc2bow()用于将文本转换为词袋(Bag-of-Words，BoW)向量。

```
dictionary.doc2bow(
    document,                              #分词后的文本列表
```

```
    allow_update=False                    #是否更新词典(默认不更新)
)
```

其中，document 为分词后的字符串列表（如['词 1', '词 2', '词 1']）；allow_update 表示是否在转换时更新词典（添加新词）。

```
#创建词典
dictionary=corpora.Dictionary(processed_text)
#创建词袋模型
corpus=[dictionary.doc2bow(words) for words in processed_text]
```

3. 模型训练

使用 gensim 库中的 models.LdaModel()函数训练 LDA 模型。训练过程中，模型会估计每个文档的主题分布以及每个主题的词分布。这个过程通常需要调试一些参数，如主题数量、迭代次数等。例如：

```
lda=LdaModel(
    corpus=corpus,
    id2word=dictionary,
    num_topics=3,
    passes=10,
    random_state=100
)
```

主要参数说明如表 8-3 所示。

表 8-3   主要参数说明

参　　数	说　　明
corpus	语料库，文档的词袋表示
num_topics	要提取的主题数量
id2word	gensim.corpora.Dictionary 词典对象
passes	语料库的遍历次数，即模型训练的迭代次数
random_state	随机数生成器的种子，用于结果的可重复性

不同的参数会影响模型的训练结果，尤其是主题数量 num_topics。模型训练时，需要事先设置主题数，主题数的选择直接影响 LDA 主题建模结果的准确性和可解释性。确定主题个数的常用方法有：经验法、计算困惑度、计算一致性、计算主题间相似等方法。本案例设置主题数为 3，实际问题中确定的主题数量应该既能反映文本数据的内存结构和含义，又要避免过拟合和计算负担过大。

4. 主题解读

训练完成后，可以查看各主题对应的高权重词汇及其权重，以及各文档对应的主题分类等信息。例如输出各主题的前 10 个关键词权重：

```
for topic in lda.print_topics(num_topics=3, num_words=10):
    print(topic)
```

结果如下：

```
    (0, '0.008 * "比赛" +0.006 * "时间" +0.006 * "自己" +0.005 * "球队" +0.004 * "就是" +
0.004 * "已经" +0.004 * "可以" +0.004 * "球员" +0.004 * "防守" +0.004 * "季后赛"')
```

> **(1,** '0.016 * **"基金"** +0.008 * **"投资"** +0.008 * **"市场"** +0.008 * **"公司"** +0.006 * **"股票"** + 0.005 * **"显示"** +0.004 * **"收益"** +0.004 * **"型基金"** +0.004 * **"去年"** +0.004 * **"表示"')**
> **(2,** '0.009 * **"考试"** +0.009 * **"四六级"** +0.008 * "the" +0.008 * "to" +0.007 * "of" + 0.007 * **"信息"** +0.006 * "in" +0.006 * **"考生"** +0.006 * "is" +0.006 * "and"')

结果元组中第一个元素 0、1、2 表示主题 id,第二个元素表示主题相关词及各词的权重。由结果可知,主题 0 特有的关键词有"比赛""球队""球员"等,可推测该主题可能与"体育"相关。主题 1 特有的关键词有"基金""投资""市场""收益"等,可推测其与"财经"相关。主题 2 特有的词有"考试""四六级""考生"等,可推测其与"教育"相关。

LDA 是基于概率的主题模型,它假设每个文档是由多个主题混合而成的,每个主题则由一组词语依概率组成。因此,不同主题可能会共享一些相同或相似的词语。例如,"经济"和"政治"可能都有"政府""政策"等词。如果某些词在整个语料库中的出现频率较高,这些词可能就会在多个主题中出现。例如,常用词"公司""市场"可能出现在"商业""科技"等多个主题中。LDA 是基于概率的模型,因此它会尝试在所有文档中找到一种最优的词-主题分布,这可能导致某些词在多个主题中都有较高的出现概率,特别是在主题之间存在语义相关性的情况下。因此,主题之间的词语可能会有交叉,这是 LDA 模型的固有特性。

5. 结果可视化

可以使用 pyLDAvis 等工具对主题进行可视化,以便更直观地理解各个主题的内容和分布情况。例如:

```
vis_data =gensimvis.prepare(lda, corpus, dictionary,R=10)
output_file ='cnews_lda_vis.html'
pyLDAvis.save_html(vis_data, output_file)
print(f'可视化结果保存到 {output_file}')
```

gensimvis.prepare()的主要功能是将 Gensim LDA 模型的结果转换为 pyLDAvis 所需的格式,然后使用 pyLDAvis.display() 或 pyLDAvis.save_html() 来可视化这些结果。其语法格式为:

```
pyLDAvis.gensim_models.prepare(topic_model, corpus, dictionary, doc_topic_dist=
None, * * kwargs)
```

参数说明如表 8-4 所示。

表 8-4　参数说明

参　　数	说　　明
topic_model	LDA 模型对象
corpus	语料库,即文档的词袋表示
dictionary	gensim.corpora.Dictionary 词典对象
doc_topic_dist	文档-主题分布矩阵。如果未提供,将使用 topic_model.get_document_topics 计算
kwargs	其他可选参数,用于进一步配置可视化。常见的参数包括: sort_topics:布尔值,是否按主题权重排序主题(默认值为 True) R:整数,每个主题显示的词汇数量(默认值为 30) lambda_step:浮点数,值的步长(默认值为 0.01) mds:字符串,降维算法(默认值为 PCA,可选值有 PCA 和 tsne) n_jobs:整数,启用并行计算的进程数(默认值为 −1,即使用所有可用进程)

运行结果如图 8-7 所示。

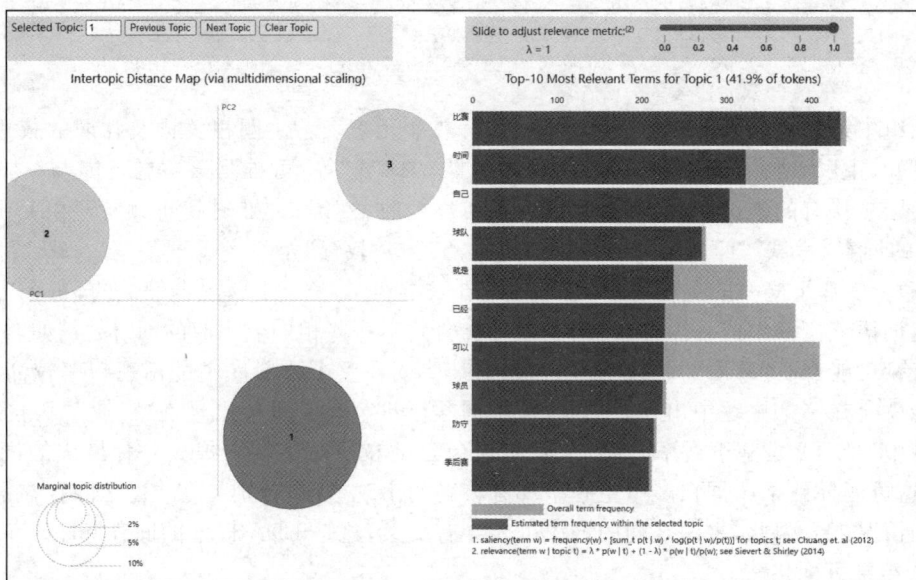

图 8-7　LDA 可视化结果

图中各部分含义如下。

（1）左侧主题气泡图。每个气泡表示一个主题，气泡的大小表示主题在文档中的普遍性，即主题出现的频率。气泡越大，文档集中属于该主题的文档越多。气泡之间的距离表示主题之间的相似度。距离越近，两个主题越相似。

（2）右侧条形图。条形图显示每个主题中最重要的词汇。浅蓝色表示这个词在整个文档中出现的频率（权重），深红色表示这个词在这个主题中所占的权重。λ 值控制词汇的排序方式。默认情况下，λ 值为 0.6。你可以调整 λ 值以查看不同排序方式下的词汇列表。

- $\lambda=1$ 时，词汇是按照它们对于特定主题的贡献度来排序的。排名靠前的词汇是那些在该主题中出现频率最高的词汇。
- $\lambda=0$ 时，词汇是按照它们在整个语料库中的显著性来排序的。在整体语料中越高频的词，会有越低的相关性。排名靠前的词汇是那些在该主题中独特且不常见的词汇。
- $0<\lambda<1$ 时，词汇的排序是两者的加权平均。这可以帮助平衡词汇在特定主题中的高频次和在整个语料库中的独特性。

（3）交互功能。点击气泡可以查看该主题的详细信息，包括相关的词汇及其权重。

‖本章小结

本章介绍了基本的文本分析方法，包括中文分词、词性标注、关键词提取以及主题提取方法。

‖思考与练习

1. 任意选取一篇中文文档,完成下列分析:

(1) 提取前 10 个关键词;

(2) 标注词性;

(3) 生成词云图。

2. 统计《三国演义》一书中词频最高的 20 个词,输出词及其个数。

第 9 章　数 据 分 析

‖学习目标

> (1) 了解数据分析的意义
> (2) 掌握数据分析的基本流程
> (3) 掌握利用 pandas 进行文件读写的方法
> (4) 学会对 DataFrame 数据进行增、删、改、查
> (5) 学会对数据进行基本的统计
> (6) 学会数据排序与排名
> (7) 学会数据分类汇总
> (8) 了解数据透视表

pandas(Python Data Analysis Library)是一款数据分析和处理的 Python 第三方库。它提供了数据清洗、数据挖掘和数据分析等多种功能,能够处理多种格式的数据,包括但不限于数据库中的数据、Excel 表格数据、时间序列数据以及带行列标签的矩阵数据等。pandas 可广泛应用于金融、神经科学、经济学、统计学、广告、网络分析等学术和商业领域。

‖ 9.1　pandas 数据结构

pandas 主要提供了 Series 和 DataFrame 两种数据结构。

Series 是带标签的一维数组结构,例如:

北京	621
天津	652
河北	599
山西	561
辽宁	617

DataFrame 是一种二维数据结构,就像一个二维数组或一个有行和列的表格,例如:

	2022 年	2021 年	2020 年
北京	592	620	624
天津	635	654	659
河北	563	616	646

9.1.1　Series 对象

Series 是带标签的一维数组,可存储整数、浮点数、字符串、Python 对象等类型的数据。

1. 创建 Series 对象

可以用下列方法创建 Series 对象。例如：

```
s=pd.Series(data,index=index)
```

- data 为 Series 的值（values），可以是字典、列表、NumPy 数组、标量值等。
- index 为 Series 各项的标签，即索引名称。index 可以是由系统自动生成的隐式 index 或由用户定义的显式 index。隐式 index 的值为 $0 \sim n-1$，n 为 data 的长度。显示指定 index 时，index 与 values 的个数应一致，否则会报错。

可以通过一维数组或序列创建 Series，例如：

```
>>>  pd.Series([621,652,599,561,617])
     0    621
     1    652
     2    599
     3    561
     4    617
```

上述代码用列表生成 Series，未指定 index，系统会自动生成一个从 0 开始的自增索引 $0 \sim 4$。也可以手动指定索引，例如：

```
>>>  pd.Series([621,652,599,561,617],index=["北京","天津","河北","山西","辽宁"])
     北京    621
     天津    652
     河北    599
     山西    561
     辽宁    617
```

还可以通过字典创建 Series，字典的键为 Series 的 index，字典的值为 Series 的值。例如：

```
pd.Series({"北京": 621,"天津": 652,"河北": 599,"山西": 561,"辽宁": 617})
```

2. 获取 Series 的索引和值

假设用 s 表示一个 Series 对象，s.index 可以查看 Series 的索引名称，s.values 可以查看 Series 的值。

Series 中的元素可以通过标签索引或位置索引获取。

- 通过标签索引获取 Series 中的一个或多个元素，如 s[['北京','河北'],s['北京']。
- 通过位置索引读取 Series 元素，如 s[0]获取第 0 个元素。Series 的位置索引从 0 开始。
- 可以通过标签或位置索引用 Series 对象进行切片。

s["标签 1"："标签 2"]表示通过标签进行切片，结果包含标签 1 和标签 2，如 s["北京"："山西"]，结果为"北京"到"山西"的内容，包括"北京"和"山西"两个端点。

```
>>>  s=pd.Series({"北京": 621,"天津": 652,"河北": 599,"山西": 561,"辽宁": 617})
>>>  s["北京": "山西"]
     北京    621
     天津    652
```

```
河北    599
山西    561
```

通过位置索引进行切片时,结果不包括结尾的位置,如 s[0:3],结果不包括位置索引为 3 的"山西"的值,最终结果为:

```
>>> s[0:3]
北京    621
天津    652
河北    599
```

例 9.1　用 Series 结构存储学生的 Python 课成绩,查看共记录了哪些同学的成绩,查看"李四"的成绩。(eg9_1_Series 基础.py)

分析:用 Series 存储学生的成绩时,可以将学生的姓名作为 Series 的 index,对应的成绩为 Series 的 value。要了解记录了哪些学生的成绩,通过 Series 的 index 的属性即可查看。查看"李四"的成绩,可以通过标签索引进行访问。

参考代码如下:

```
import pandas as pd
scores=pd.Series({"张三":100,"李四":90,"王五":88})
print(scores.index)#查看有哪些学生
print(scores["李四"])#查看"李四"的成绩
```

思考:本例只保存了一门课的成绩,如何保存本班同学本学期所有课程的成绩,并计算绩点、按绩点高低进行排序? 这些问题可以通过后续章节的学习解决。

9.1.2　DataFrame 对象

Series 对象只能保存一维带标签的数据,要保存多门课程成绩,可以用 pandas 的 DataFrame 结构。DataFrame 是一种二维带标签数据结构,可以将其视为电子表格、SQL 表或者 Series 对象的字典。一般来说,它是最常用的 pandas 对象。DataFrame 不同的列的数据类型可以不同。DataFrame 既有行索引,也有列索引,如图 9-1 所示。

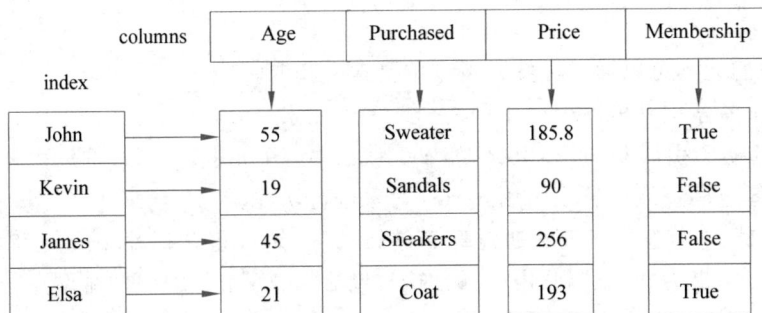

图 9-1　DataFrame 结构示例

可以直接定义 DataFrame 结构的数据,或者通过导入外部文件创建 DataFrame 结构数据。pandas 读写文件的方法将在下一节详细介绍。创建 DataFrame 对象的语法如下:

```
df=pd.DataFrame(data,index,columns,dtype,…)
```

- data 是 DataFrame 的数据，可以是列表、字典、NumPy 的 ndarray 数组、pandas 的 Series 对象等。
- index 表示行标签。columns 表示列标签。dtype 表示各列数据类型。

例如利用列表创建 DataFrame：

```
>>>  data=[[592,620,624],[635,654,659],[563,616,646]]
>>>  pd.DataFrame(data)
       0   1   2
0  592 620 624
1  635 654 659
2  563 616 646
```

DataFrame 定义时，没有指定行、列标签，行、列标签采用默认数据序列标签 0～2。

可以在定义时指定行、列标签，例如：

```
>>>  pd.DataFrame(data=data,index=["北京","天津","河北"],columns=["2022年","2021年",
     "2020年"])
       2022年 2021年 2020年
北京    592    620    624
天津    635    654    659
河北    563    616    646
```

利用字典定义 DataFrame 数据，字典的键是 DataFrame 的列标签。例如：

```
>>>  pd.DataFrame({"2022年": [592,620,624],"2021年": [635,654,659],"2020年":
     [563,616,646]})
       2022年 2021年 2020年
0     592    635    563
1     620    654    616
2     624    659    646
```

字典的键"2022年""2021年""2020年"为 DataFrame 对象的列标签。行标签没有指定，为默认值数据序列 0～2。

‖ 9.2　文件读写

pandas 可以读取 TXT、CSV、XLSX、HTML、JSON、Pickle 等格式的文件，返回 DataFrame 对象。可以用相应的写入函数将 DataFrame 对象写入文件。pandas 读写不同格式文件的方法如表 9-1 所示。

表 9-1　pandas 读写常用文件的方法

文 件 格 式	读	写
CSV/txt	pd.read_csv()	df.to_csv()
XLSX	pd.read_excel()	df.to_excel()

续表

文 件 格 式	读	写
Pickle	pd.read_pickle()	df.to_pickle()
HTML	pd.read_html()	df.to_html()
JSON	pd.read_json()	df.to_json()

9.2.1 读文件

1. 读 Excel 文件

pd.read_excel()函数的基本语法为：

```
pd.read_excel(io, sheetname=0, header=0, index_col=None, names=None, dtype=None, …)
```

各参数含义如表 9-2 所示。

表 9-2 read_excel()函数的参数含义

参 数 名 称	说 明
io	字符串形式，表示文件路径
sheet_name	指定要读取的工作表，可以是字符串、整数、字符串列表或整数列表。默认值为 0，表示读取第一个工作表
header	指定作为列名的行，默认值为 0，表示将第一行的值作为列名。若数据不包含列名，则设置 header＝None
names	要使用的列名列表，默认值为 None
index_col	指定作为行名称的列，默认值为 None
dtype	列的数据类型名称或字典
use_cols	指定要读取的列
skiprows	文件开始时要跳过的行号，如[0,2]；或要跳过的行数，如 3
skipfooter	从底部跳过的行数。默认值为 0

例 9.2 读取 excel 格式数据。（eg9_2_读 Excel 文件.py）

（1）读取 cuclqx.xlsx 中的数据。

分析：cuclqx.xlsx 中包含行标题和列标题，行标题位于第一列，故 index_col＝0。列标题位于第一行，可指定 header＝0。具体读取方法如下：

```
import pandas as pd
df=pd.read_excel("data/cuclqx.xlsx",index_col=0,header=0)
print(df)
```

（2）读取 sales.xlsx 中的"电子产品"工作表。

"电子产品"工作表为 sales 工作簿中的第二个工作表，所以在读取时要指定 sheet_name＝"电子产品"或 sheet_name＝1，该工作表只有列标题，没有行标题，所以读取时指定 header＝0。具体读取方法如下：

```
import pandas as pd
df=pd.read_excel("data/sales.xlsx",sheet_name="电子产品",header=0)
print(df)
```

(3) 中文列名对齐设置。

输出读取结果,如图 9-2 所示。

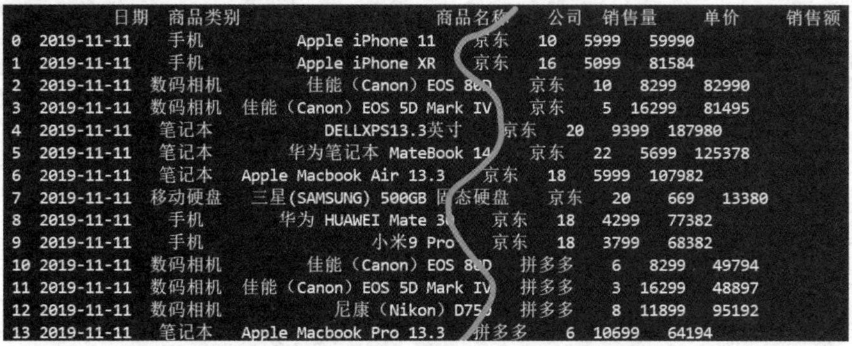

```
           日期  商品类别                          商品名称    公司   销售量      单价      销售额
0  2019-11-11     手机             Apple iPhone 11    京东    10    5999    59990
1  2019-11-11     手机             Apple iPhone XR    京东    16    5099    81584
2  2019-11-11   数码相机             佳能 (Canon) EOS 80D    京东    10    8299    82990
3  2019-11-11   数码相机  佳能 (Canon) EOS 5D Mark IV    京东     5   16299    81495
4  2019-11-11    笔记本             DELLXPS13.3英寸    京东    20    9399   187980
5  2019-11-11    笔记本        华为笔记本 MateBook 14    京东    22    5699   125378
6  2019-11-11    笔记本    Apple Macbook Air 13.3    京东    18    5999   107982
7  2019-11-11   移动硬盘     三星(SAMSUNG) 500GB 固态硬盘    京东    20     669    13380
8  2019-11-11     手机         华为 HUAWEI Mate 30    京东    18    4299    77382
9  2019-11-11     手机                 小米9 Pro    京东    18    3799    68382
10 2019-11-11   数码相机             佳能 (Canon) EOS 80D   拼多多     6    8299    49794
11 2019-11-11   数码相机  佳能 (Canon) EOS 5D Mark IV   拼多多     3   16299    48897
12 2019-11-11   数码相机               尼康 (Nikon) D750   拼多多     8   11899    95192
13 2019-11-11    笔记本    Apple Macbook Pro 13.3   拼多多     6   10699    64194
```

图 9-2　DataFrame 中文内容与列名未对齐图示

读取后,发现列名与列内容没有对齐,显示比较乱。可以通过设置显示选项,改变中文内容与列标题未对齐的问题。例如:

```
pd.set_option('display.unicode.ambiguous_as_wide',True)
pd.set_option('display.unicode.east_asian_width',True)
```

pandas 中与显示设置相关的函数主要如下。

- pd. set_option('参数名', 参数值): 设置相关显示选项。
- pd. get_option('参数名', 参数值): 获取相关显示选项。
- pd. reset_option('参数名', 参数值): 恢复默认相关选项。

其中,参数名为'display.参数名',可省略'display.',直接用'参数名'。常用的显示设置参数及含义如表 9-3 所示。

表 9-3　常用的显示设置参数及含义

参　　数	默　认　值	含　　义
display.width	80	显示宽度,以字符为单位
display.max_rows	60	最大显示行数,超过该值用省略号代替,设置为'None'时显示所有行
display.max_columns	0 or 20	显示最大列数,如果要显示的列大于 max_columns 的值,则显示前几列和后几列,中间列用省略号表示。display. max_columns 设置为 None 时显示所有列
display.max_colwidth	50	单列数据宽度,以字符个数计算,超过时用省略号表示
display.precision	6	浮点数的输出精度,指的是小数点后的位数,适用于常规格式和科学记数法

参　　数	默　认　值	含　　义
display.unicode.east_asian_width	False	用于控制如何处理东亚字符（如中文、日文、韩文等）的显示宽度。默认值为 False 表示将所有字符视为等宽,这会导致中文内容与列名不对齐。设置此选项为 True,pandas 将根据字符的实际宽度来调整显示。东亚字符将占用更多的空间,可以确保中文等字符能够被正确对齐
display.unicode.ambiguous_as_wide	False	用于处理 Unicode 字符中有歧义的字符显示。设置此项为 True,将有歧义的字符显示为全角字符,可以占用更多的宽度

2. 读 csv 或 txt 格式文件

csv 或 txt 格式文件可以用 pandas 中的 read_csv()函数读取。具体语法如下：

```
pandas.read_csv(filepath_or_buffer, sep=',', header='infer', names=None, index_col=None, dtype=None,…)
```

参数说明如表 9-4 所示。

表 9-4　read_csv()函数参数说明

参 数 名 称	说　　明
filepath_or_buffer	指定文件路径或文件对象
sep、delimiter	delimiter 是 sep 的别名,二者都可以用来指定列分隔符。read_csv()的默认的列分隔符为逗号;read_table()的默认的列分隔符为制表符"Tab"
header	指定作为列名的行,默认值为 0,即取第一行的值作为列名。若数据不包含列名,则设置 header=None
names	指定列名列表。默认值为 None
index_col	指定作为行名的列,默认值为 None
dtype	列的数据类型名称或字典

例如：

```
1. import pandas as pd
2. df=pd.read_csv('data/1月.csv',encoding='gbk')
3. raw_data=pd.read_table('data/ad_performance.txt', delimiter='\t')
```

代码第 2 行的 encoding 参数用来指定文件的编码格式,常用的编码格式有 utf-8、utf-16、gdk、gb18030、utf-8-sig 等。如果编码指定错误数据则无法读取,Python 解释器会报解析错误。英文内容一般可以正确解析,中文内容要根据文件编码格式指定正确的编码格式。

代码第 3 行用 delimiter='\t'指定列之间的分隔符为制表符,也可以用 sep="\t"实现。

9.2.2　写文件

如表 9-1 所示,可以用 df.to_***()将 DataFrame 数据写入不同格式的文件。下面介绍保存为 Excel 文件和 csv 文件的方法。

1. 写 Excel 文件

to_excel()函数的语法为：

```
df.to_excel(excel_writer=None, sheet_name=None, na_rep='', header=True, index=
True, startrow=0, startcol=0, engine=None...)
```

各参数含义如表 9-5 所示。

表 9-5　to_excel()函数的参数含义

参 数 名 称	说　　明
excel_writer	文件保存路径
sheet_name	Excel 中工作表的名称，默认值为 Sheet1
na_rep	缺失值的替换值，默认为空
header	列名称，可以是布尔型或字符串列表，默认值为 True
index	行名称，布尔型，默认值为 True
startrow	指定从哪一行开始写入数据
startcol	指定从哪一列开始写入数据
engine	指定用于写入 Excel 文件的引擎类型，常用的有 openpyxl、xlsxwriter 等

例 9.3　读入 meal_order_detail.xlsx 中 meal_order_detail2 工作表中的 dishes_name、amounts 两列数据，保存为 detail.xlsx。(eg9_3_读写 Excel 文件.py)

参考代码如下：

```
#读 Excel 文件
import pandas as pd
import re
#读取 Excel 文件指定 Sheet,指定列的内容
data_info=pd.read_excel("data/meal_order_detail.xlsx",sheet_name="meal_order
_detail2",usecols=["dishes_name","amounts"],engine='openpyxl')
#存储为 Excel 文件
data_info.to_excel("data/tmp/lx1.xlsx",sheet_name="test",index=False)
```

2. 写 csv 文件

可以用 df.to_csv()将 DataFrame 格式数据写入 csv 文件，具体语法如下：

```
df.to_csv(path_or_buf=None, sep=',', na_rep='', columns=None, header=True,
          index=True, index_label=None, mode='w',encoding=None)
```

各参数含义如表 9-6 所示。

表 9-6　to_csv()参数含义

参 数 名 称	说　　明
path_or_buf	要保存的路径及文件名
sep	指定列之间分隔符。默认值为",""
columns	指定要导出的列，用列名或者列名的列表表示，默认值为 None

续表

参 数 名 称	说　　明
header	是否输出列名，默认值为 True
index	是否输出行名（索引），默认值为 True
encoding	编码方式，默认值为 utf-8

例 9.4　写 csv 文件。(eg9_4_写 csv 文件.py)

参考代码如下：

```
import pandas as pd
df=pd.DataFrame({
    '计算机':[100,95,99],
    '高数':[95,88,75],
    '英语':[99,82,93],
    '班级':'大数据与数据科学'
},index=['张三','小明','小红'])
df.to_csv("data/tmp/lx1.csv",sep=",",header=True,index=True,encoding='utf-8
-sig', mode='w')
df.to_csv("data/tmp/lx1.csv",sep=",",header=True,index=True,encoding='utf-8
-sig', mode='w')
```

指定了保存的文件路径为 data/tmp/lx1.csv，header＝True 表示有列名，index＝True 表示有行名，encoding＝"utf-8"指定文件编码为 utf-8-sig。

运行结果如图 9-3 所示。

	计算机	高数	英语	班级
张三	100	95	99	大数据与数据科学
小明	95	88	82	大数据与数据科学
小红	99	75	93	大数据与数据科学

图 9-3　csv 文件运行结果

为什么写入 CSV 文件指定编码为 utf-8-sig?

将编码指定为 utf-8-sig 是为在 Excel 软件中能正确打开保存的 CSV 文件。Excel 在读取 CSV 文件时是通过读取文件头上的 BOM (Byte Order Mark，字节顺序标记)来识别编码的，如果文件头无 BOM 信息，则默认按照 Unicode 编码读取，就会出现乱码。utf-8-sig 是 utf-8 编码的一个变种，它是在标准 utf-8 编码的基础上添加了 1 字节以顺序标记 BOM。

‖ 9.3　数据审查与校验

高质量的数据是确保分析结果的关键。可以利用 pandas 中 DataFrame 的属性和方法，快速了解数据的基本信息，例如：了解数据集中是否有缺失值，某项数据的均值、方差、基本数据结构，各列数据的格式等。根据了解的数据情况做有针对性的处理。DataFrame 中的一些常用属性和方法有助于我们了解数据的基本信息。

DataFrame 的常用属性如表 9-7 所示。

表 9-7   DataFrame 的常用属性

名 称	说 明	名 称	说 明
df.index	df 的行名称	df.size	df 对象的元素个数
df.columns	df 的列名称	df.ndim	df 的维度数
df.values	df 中行列元素的值	df.shape	df 的数据形状(行列数目)

查看 DataFrame 基本信息的常用方法如表 9-8 所示。

表 9-8   查看 DataFrame 基本信息的常用方法

方 法	说 明
df.head(n)	读取开始 n 行数据,默认 n=5
df.tail()	读取最后 n 行数据,默认 n=5
df.info()	df 的简要说明(如索引、列数、列名、数据量、数据类型、每列 non-null 数据个数、内存使用情况等)
df.describe()	对于数值列,describe()返回基本统计信息:列中数值的计数、平均值、标准差、最小值、最大值以及第 25、50 和 75 的分位数;对于字符串列,describe()返回值计数、唯一条目数、最常出现的值以及最高值出现的次数

例 9.5   查看 tmall_order_report.csv 数据的基本信息。(eg9_5_查看数据基本信息.py)

```
import pandas as pd #导入 pandas 库,用于数据处理和分析
#读取 CSV 文件,文件路径为'data/tmall_order_report.csv',header=0 表示第一行作为
#列名
raw_data =pd.read_csv('data/tmall_order_report.csv',header=0)
#设置 pandas 显示选项,使输出的中文字符宽度一致
pd.set_option('display.unicode.east_asian_width',True)
print('{: * ^60}'.format('Data overview: '))
#打印前两行数据
print(raw_data.head(2))
print('{: * ^60}'.format('Data shape: '))
#打印数据的形状,即行数和列数
print(raw_data.shape)
print('{: * ^60}'.format('Data info: '))
#打印数据的基本信息,包括每列的数据类型、非空值数量等
print(raw_data.info())
print('{: * ^60}'.format('Data DESC: '))
#打印数据的描述性统计信息,包括均值、标准差、最小值、四分位数、最大值等,并四舍五入到小数
#点后两位,最后转置显示
print(raw_data.describe().round(2).T)
print('{: * ^60}'.format('空值信息: '))
#打印每列的空值数量,用于检查数据中是否存在缺失值
print(raw_data.isnull().sum())
```

raw_data.shape 输出(28010,7)表示数据集为 28010 行、7 列。raw_data.info()的结果如图 9-4 所示。

由其他列的 non-null 数据为 28010 个,而"订单付款时间"列的数据个数为 24087 可知,

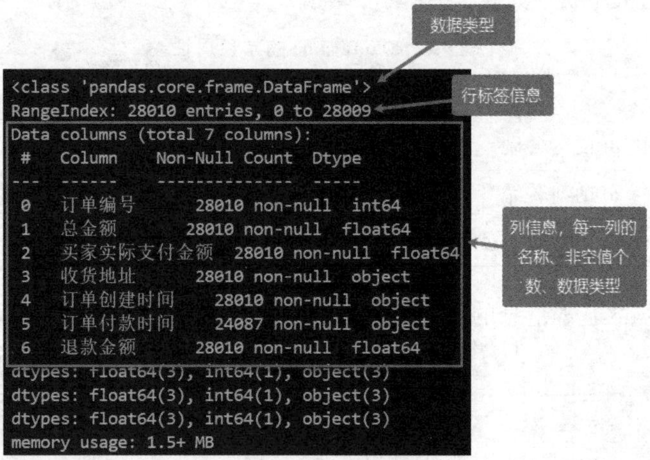

图 9-4　数据基本信息

数据中有空值，在后续处理时，需要对空值进行处理。另外，也可以了解各列的数据类型，以便明确后续可做的操作以及是否需要做类型转换，如"总金额"的数据类型为 float 类型，"收货地址"的数据类型为 object 类型。

‖ 9.4　数据清洗

了解原始数据集中数据的基本情况后，对数据集中的缺失值、重复值或异常值进行处理，确保待分析数据的质量。

缺失值指的是由于某种原因导致数据为空。除了可以在数据审查时用 df.info() 了解有无空值以外，也可以用 df.isnull() 判断是否是空值，或者用 df.notnull() 来判断是否为非空值。可以通过统计各列的空值数直观地了解空值信息。例如：

```
raw_data.isnull().sum()
```

可以看到，"订单付款时间"列中的空值个数为 3923，其他列没有空值。

```
订单编号          0
总金额           0
买家实际支付金额      0
收货地址          0
订单创建时间        0
订单付款时间        3923
退款金额          0
```

空值的常用处理方式有：不处理、删除、用特定的值填充或替换。具体填充值可以根据实际情况确定，常用的有 0、列中其他数据的均值等。

重复值一般做删除处理。

对于异常值，最常用的做法是删除，或将异常值当成缺失值处理，以某个值填充。在某些分析中，可以将异常值当成特殊情况进行分析，研究异常值出现的原因。

常用的数据清洗方法如表 9-9 所示。

表 9-9　DataFrame 数据清洗方法

方　　法	说　　明
df.fillna(value)	用某个值 value 填充缺失值
df.dropna(axis＝0,how＝'any/all', inplace＝False…)	删除缺失值。axis 用于指定删除操作是对行还是列进行 axis＝0：删除包含缺失值的行。axis＝1：删除包含缺失值的列。 how 参数用于指定删除的条件。how＝"any"：表示任何一个值为空，则删除该行或列。how＝"all"：只有行或列的所有值为空时，才进行删除。 inplace＝False：表示返回新的 DataFrame 数据。inplace＝True：表示在原数据上进行删除
df.drop_duplicates()	删除重复出现的值
df.replace（to_replace, value, inplace＝False,…）	数据替换，用 value 替换 to_replace,inplace 参数用来表示是否在原数据上进行修改。inplace＝True 表示在原数据上进行修改

例如：删除上例 raw_data 中有空值的行。

```
raw_data.dropna(inplace=True)
```

‖ 9.5　数据抽取

数据分析时，并不一定要对读入的全体数据进行分析，有时需要对某行、某列或某几行、某几列的数据进行分析，这就需要对 DataFrame 中的数据进行抽取。DataFrame 的数据抽取方法大致有两类，一类是用 loc[行名,列名]，根据行名或列名进行抽取；另一类是用 iloc[行索引,列索引]，根据行索引或列索引进行抽取。行列之间用逗号隔开。如果要表示多个行或列，可以用冒号实现切片。常用方法如图 9-5 所示。

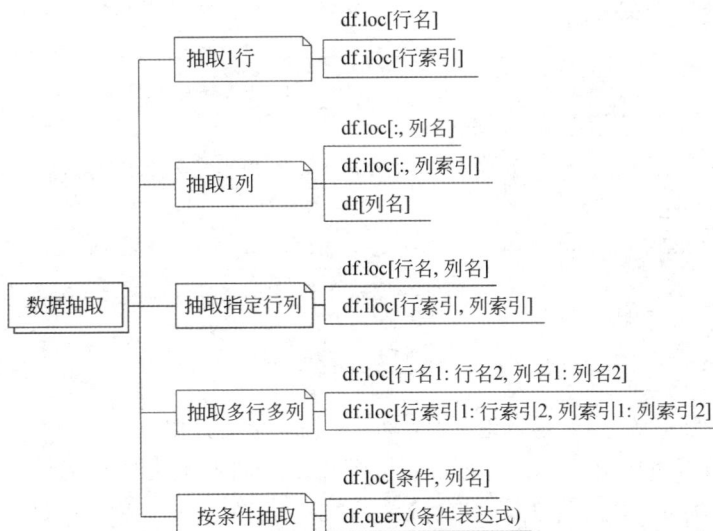

图 9-5　DataFrame 数据抽取常用方法

例 9.6　读取 score.csv 文件，按要求抽取信息。（eg9_6_数据抽取.py）

（1）抽取"张三"的成绩。

（2）抽取"Python"课程成绩。

（3）查看"李四"的"广告学概论"成绩。

（4）查看"李四，小华，小明"的"高数""广告学概论"成绩。

（5）查看"Python">90 的同学的成绩。

（6）查看"Python">90 的同学的英语成绩。

（7）查看"Python">90 并且"思政">85 的同学的成绩。

（8）查看"Python">90 或者"思政">85 的同学的成绩。

（9）查看"Python">90 或者"思政">85 的同学的"广告学概论"的成绩。

首先读取文件，例如：

```
import pandas as pd
score=pd.read_csv("data/score.csv",header=0,index_col=0,encoding="gbk")
pd.set_option('display.unicode.east_asian_width',True)
```

score 的结果为

	Python	英语	高数	思政	广告学概论	统计及数据分析基础
张三	95	85	96	88	78	90
李四	85	86	90	70	88	85
小华	80	90	75	85	98	95
小明	78	92	85	72	95	75
小兰	99	88	65	80	85	75

（1）抽取"张三"的成绩——抽取一行。

"张三"为 score 中的一行，抽取"张三"的成绩即抽取 score 中的一行。抽取一行可以用 **df.loc**[行名，：]，其中冒号表示所有列。如果是某些列，可以用"列名 1：列名 2"表示从列 1 到列 2 的所有列。

例如抽取"张三"的成绩：

```
score.loc["张三",:]
```

（2）抽取"Python"成绩——抽取一列。

抽取一列可以用 **df.loc**[：,列名称]、**df.iloc**[：,列索引]或者 **df**[列名称]。

例如抽取"Python"成绩：

```
score.loc[:,"Python"]
#或者
score.loc[:,"Python"]
#或者
score["Python"]
```

（3）查看"李四"的"广告学概论"的成绩——抽取指定数据。

抽取指定数据可以用 df.loc[行名，列名]或者 df.iloc[行索引，列索引]。

例如查看"李四"的"广告学概论"的成绩：

```
score.loc["李四","广告学概论"]
#或者
score.iloc[1,4]
```

（4）查看"李四、小华、小明"的"高数""广告学概论"成绩——抽取多行多列数据。

抽取多行多列信息，如果是不连续的行或列，则行列信息以列表形式给出；如果是连续的行列，则用冒号对行列信息进行切片即可。例如：

```
score.loc["李四": "小明",["高数","广告学概论"]]
#或者
score.iloc[1: 4,[0,4]]
```

（5）查看"Python"＞90 的同学成绩——抽取指定条件的行。

```
score.loc[score["Python"]>90,: ]
```

score["Python"]＞90 是一个布尔条件，它会对 DataFrame 中的 Python 列进行逐行比较，返回一个布尔 Series，其中，True 表示该行的 Python 成绩大于 90，False 表示 Python 成绩小于或等于 90。score.loc[score["Python"]＞90,：]使用布尔 Series 作为索引，用于从 DataFrame 中筛选出符合条件的行。或者

```
score.query("Python>90")
```

- 确保字符串表达式中的列名和条件与 DataFrame 中的数据相匹配。
- query()方法返回满足条件的记录。使用 query()方法时，字符串表达式需要用括号包围，以避免解析错误，如"Python＞90"。
- query()方法在处理大型数据集时可能比直接使用布尔索引慢，因为它使用了不同的底层实现。

（6）查看"Python"＞90 的同学的英语成绩——抽取指定条件的列。

先按条件抽取出行，再取出列即可。例如：

```
score.loc[score["Python"]>90,"英语"]
```

（7）查看"Python"＞90 并且"思政"＞85 的同学的成绩——抽取符合条件的行。

当需要应用多个条件时，可以使用逻辑运算符"&"（表示逻辑与，AND）和"|"（表示逻辑或，OR）来组合这些条件。例如：

```
score.loc[(score['Python'] >90) & (score['思政'] >85),: ]
```

也可以用.query() 方法通过字符串表达式来筛选 DataFrame 中的数据。例如：

```
score.query('Python>90 and 思政>85')
```

（8）查看"Python"＞90 或者"思政"＞85 的同学的成绩。

```
score[(score['Python'] >90) | (score['思政'] >85)]
#或者
score.loc[(score["Python"]>90)|(score["思政"]>85),: ]
#或者
score.query('Python>90 or 思政>85')
```

（9）查看"Python"＞90 或者"思政"＞85 的同学的"广告学概论"的成绩。

```
score[(score['Python'] >90) | (score['思政'] >85)]['广告学概论']
#或者
score.loc[(score["Python"]>90)|(score["思政"]>85),"广告学概论"]
```

```
#或者
score.query('Python>90 or 思政>85')["广告学概论"]
```

9.6 数据增、删、改

pandas 中的 DataFrame 对象是非常灵活的，可以方便地进行增加、删除和修改数据的操作。

9.6.1 增加数据

1. 增加一列数据

方法 1：df["列名"]=[数据] 或 df.loc[：,"列名"]=[数据]。

若列名是与已有列名不重复的新列名，则增加的列在 DataFrame 数据的最后一列；若列名是已有列名，则是对原列数据的修改。

方法 2：df.insert(index,"列名",[数据])。

该方法在索引为 index 的位置插入一列数据。

例如：

```
score['消费行为学']=[88,79,60,90,98]#在最后一列后增加一列数据,列名为"消费行为学"
score.loc[：,'计算广告原理与应用']=[100,99,98,88,78]#使用 loc 属性在 DataFrame 对
#象的最后增加一列
score.insert(1,'数字营销概论',[100,98,88,85,68])#在列索引为 1 处增加一列数据
```

2. 增加一行数据

增加一行数据：df.loc[行名]=[数据]。例如：

```
score.loc['小王子']=[90,88,100,98,88,90,85,100,98]
```

增加多行数据：df1=要增加的 DataFrame 新对象，然后用 pd.concat(df,df1)形成一个新的 DataFrame 对象。例如：

```
score1=pd.read_csv("data/score1.csv",encoding='gbk',index_col=0,header=0)
new_score=pd.concat([score,score1])
```

还可以通过 pd.merge()、pd.join()等方法进行数据行和列的合并。

9.6.2 删除数据

可以使用 DataFrame 中的 drop()方法进行数据的删除。例如：

```
df.drop(labels=None, axis=0, index=None, columns=None, level=None, inplace=
False, errors='raise')
```

各参数的含义如表 9-10 所示。

表 9-10 drop()参数含义

参 数 名 称	说 明
labels	要删除的行或列名
axis	操作的轴向，默认为 0。0 表示按行删除，1 表示按列删除

参 数 名 称	说　　明
index	要删除行的行名
columns	要删除列的列名
inplace	操作是否对原数据生效。默认为 False,不生效
errors	设置删除不存的标签时的行为 errors:'raise'(默认值)如果要删除的标签不存在,则抛出 KeyError 异常 errors:'ignore',如果要删除的标签不存在,忽略错误,仅删除存在的标签

1. 删除行或列

例如删除"计算广告原理与应用"一列:

```
#方式 1:
score2=score.drop(['计算广告原理与应用'],axis=1)
#方式 2: labels 指定标签,由 axis 指定轴向
score2=score.drop(labels="计算广告原理与应用",axis=1)
#方式 3:
score.drop(columns='计算广告原理与应用',inplace=True)
```

方式 1 和方式 2 都是通过"标签+操作"的轴向指定删除的列。方式 3 中直接用 columns 指定要删除的是列,因此不用再指定 axis 参数。方式 3 指定 inplace=True,表示在原数据集上做删除操作,不返回新的数据集,这种方式可以避免创建新的 DataFrame,从而节省内存。

例如删除张三的成绩:

```
#方式 1:
score1=score.drop(['张三'])
#方式 2:
score1=score.drop(index='张三')
#方式 3:
score1=score.drop(labels='张三',axis=0)
```

方式 1 通过行标签指定要删除的行,方式 2 通过 index 指定要删除的行标签,方式 3 通过 labels 和 axis=0 指定要删除的行。

注意:

用 labels 指定删除内容时,一定要用 axis 指定对行还是对列进行操作。如果是用 index 或 columns 指定删除内容,则已明确删除的是行还是列,就不用再指定 axis 了。

2. 删除满足特定条件的行为

要删除满足特定条件的行,需要首先写出条件表达式,然后使用布尔索引删除这些行,例如删除"思政"成绩为 70~72 的记录:

```
#筛选出思政成绩为 70~72 的同学的索引
indices_to_drop =score[score['思政'].isin([70,72])].index
#使用布尔索引删除这些行
score.drop(indices_to_drop,inplace=True)
```

例如删除 Python<90 的记录:

```
score.drop(score[score['Python']<90].index,inplace=True)
```

9.6.3 修改数据

可以重命名 DataFrame 的行/列名称或修改符合条件的数据。

1. 重命名行/列名称

重命名行/列名称可以对 df.index 或 df.columns 属性直接赋值，或使用 rename() 方法。如果使用直接赋值法，尽管只需修改个别行或列名称，但也需要将所有的行名称或列名称写一遍。rename() 方法的语法格式如下：

```
df.rename(columns={'旧列名': '新列名'}, inplace=True)
df.rename(index={'旧行名': '新行名'}, inplace=True)
```

例如将列名"高数"修改为"高等数学"有以下两种方法。

方法 1：直接赋值法。

```
score.columns=['Python','数字营销概论','英语','高等数学','思政','广告学概论','统计及数据分析基础','消费行为学','计算广告原理与应用']
```

方法 2：利用 rename() 函数。

```
score.rename(columns={'高数': '高等数学'},inplace=True)
```

2. 修改数据

要修改 DataFrame 中的数据，可以用前面讲过的抽取数据的方法，抽取数据后再赋值即可。例如将"张三"的"Python"成绩修改为 98 分：

```
score.loc["张三","Python"]=98
```

▌9.7 数据统计

数据统计是数据分析的基础。pandas 库基于 NumPy 库，可以用 NumPy 中的函数完成统计，如表 9-11 所示。也可以用 pandas 库自己的数据统计函数，如表 9-12 所示。

表 9-11　NumPy 库常用的统计函数

函 数 名 称	说　明	函 数 名 称	说　明
np.min()	最小值	np.max()	最大值
np.mean()	均值	np.ptp()	极差
np.median()	中位数	np.std()	标准差
np.var()	方差	np.cov()	协方差

表 9-12　Pandas 库常用统计函数

函　　数	说　明
df.sum([axis,skipna,level,…])	求和
df.mean([axis,skipna,level,…])	求均值
df.max([axis,skipna,level,…])	求最大值
df.min([axis,skipna,level,…])	求最小值

函　　数	说　　明
df.median([axis,skipna,level,…])	求中位数
df.mode([axis,numeric_only=False,dropna=False])	求众数
df.var([axis,skipna,level,…])	求方差
df.std([axis,skipna,level,…])	求标准差
df.quantile([q=0.5,axis=0,numerical_only=True,interpolation='linear'])	求分位数

下面说明函数中常用参数的含义。

- axis：表示要统计的轴，axis=0 表示逐行操作；axis=1 表示逐列，默认逐行求和。
- skipna：表示对 NaN 值的处理，默认 NaN 值自动转换为 0；skipna=1 表示 NaN 值自动转换为 0，skipna=0 表示 NaN 值不自动转换。
- level：表示索引层级。

例 9.7 读取 test.csv 文件，并完成下列操作。（eg9_7_数据统计.py）

（1）计算各同学的总成绩，放在"总成绩"列。

（2）计算各科的平均分，放在最后一行。

（3）假设通过率为 65%，输出未通过的名单。

（可以找到总成绩 35%分位点 x，总成绩＜x，未通过；总成绩≥x，通过）

参考代码如下：

```
import pandas as pd
df=pd.read_csv("data/test.csv",index_col=0)
pd.set_option('display.unicode.east_asian_width',True)
#计算各科总分
df['总成绩']=df.sum(axis=1)
#计算各科平均分,并放在最后一行
df.loc["各科平均分"]=df.mean(axis=0).round(1)
#要求总成绩 35%分位数
x=df['总成绩'].quantile(0.35)
#输出未通过的学生信息
failure=df[df['总成绩']<x].index
print("未通过的学生有: ",list(failure))
```

9.8 数据排序与排名

DataFrame 的 sort_values()方法实现了按值进行排序，sort_index()方法实现了按行/列名称进行排序，rank()方法实现了数据排名。

9.8.1 数据排序

1. 按值进行排序

按值进行排序的语法格式如下：

```
df.sort_values(by,axis=0,ascending=True,inplace=False,kind='quiksort',na_
position='last',ignore_index=False)
```

各参数说明如表 9-13 所示。

表 9-13　按值排序参数说明

参　　数	说　　明
by	指定排序关键字
axis	指定待排序的轴。axis=0 表示按行排序；axis=1 表示按列排序
ascending	指定升序还是降序排列。True 表示升序；False 表示降序；默认为升序排序
inplace	是否用排序后的数据集替换原来的数据，默认为 False，即不替换，返回新的 DataFrame
na_position	空值的位置，first 表示空值在数据开头；last 表示空值在数据最后，默认值为 last
kind	指定排序算法。quicksort 表示快速排序；mergesort 表示混合排序；heapsort 表示堆排序；默认为 quicksort
ignore_index	用于控制排序后是否重置索引。若为 True，排序后生成新的连续整数索引(0，1，2，…)，原索引丢弃；若为 False，保留原索引

例 9.8　读取 bookSales.xlsx。(eg9_8_数据排序.py)

(1) 按“销量”降序排序。例如：

```
df=df.sort_values(by='销量',ascending=False)
```

排序结果如图 9-6 所示。

	序号	书号	图书名称	定价	销量	类别	大类
1	B02	9787567787421	Android项目开发实战入门	59.8	2355	Android	程序设计
0	B01	9787569204537	Android精彩编程200例	89.8	1300	Android	程序设计
9	B19	9787569208535	零基础学C语言	69.8	888	C语言C++	程序设计
14	B15	9787569222258	零基础学Python	79.8	888	Python	程序设计
13	B21	9787569205688	零基础学Java	69.8	663	Java	程序设计
8	B08	9787567787414	C语言项目开发实战入门	59.8	625	C语言C++	程序设计
15	B26	9787569226607	Python从入门到项目实践	99.8	559	Python	程序设计
4	B05	9787567790988	C#项目开发实战入门	69.8	541	C#	程序设计
19	B20	9787569212709	零基础学HTML5+CSS3	79.8	456	HTML5+CSS3	网页
25	B13	9787567790971	PHP项目开发实战入门	69.8	354	PHP	网站
10	B25	9787569226614	零基础学C++	79.8	333	C语言C++	程序设计
20	B22	9787569210460	零基础学Javascript	79.8	322	Javascript	网页
16	B27	9787569244403	Python项目开发案例集锦	128.0	281	Python	程序设计
7	B07	9787569208696	C语言精彩编程200例	79.8	271	C语言C++	程序设计
26	B24	9787569208689	零基础学PHP	79.8	248	PHP	网站
11	B10	9787569206081	Java精彩编程200例	79.8	241	Java	程序设计
17	B23	9787569212693	零基础学Oracle	79.8	148	Oracle	数据库
23	B09	9787567787438	JavaWeb项目开发实战入门	69.8	129	JavaWeb	网站
6	B06	9787567787445	C++项目开发实战入门	69.8	120	C语言C++	程序设计
18	B14	9787569221237	SQL即查即用	49.8	120	SQL	数据库
3	B04	9787569210453	C#精彩编程200例	89.8	120	C#	程序设计
12	B11	9787567787407	Java项目开发实战入门	59.8	120	Java	程序设计
21	B03	9787567799424	ASP.NET项目开发实战入门	69.8	120	ASP.NET	网站
22	B17	9787569221220	零基础学ASP.NET	79.8	120	ASP.NET	网站
24	B12	9787567790315	JSP项目开发实战入门	69.8	120	JSP	网站
5	B18	9787569210477	零基础学C#	79.8	120	C#	程序设计
2	B16	9787569208542	零基础学Android	89.8	110	Android	程序设计

图 9-6　排序结果

(2) 按“图书名称”和“销量”降序排序。例如：

```
df=df.sort_values(by=['图书名称','销量'],ascending=[False,False])
```

当需要按多个关键字进行排序时，多个关键字以列表形式给出，先按第一个关键字排序，当第一个关键字相同时，再按第二个关键字进行排序，如 by=['图书名称','销量']表示先按图书名称进行排序，图书名称为文本，文本是以文字编码进行比较的。当图书名称相同时，按销量进行排序。ascending= [False,False]表示图书名称和销量都是以降序进行排序的。

2. 按行/列名称进行排序

按行/列名称排序使用 sort_index() 方法实现,具体如下:

```
df.sort_index(axis=0, ascending=True, inplace=False, na_position='last',…)
```

常用参数说明如表 9-14 所示。

表 9-14 sort_index() 参数说明

参 数	说 明
axis	指定待排序的轴。axis=0 表示按照行标签排序;axis=1 表示按照列标签排序
ascending	指定排序方式,ascending=True 表示升序;asending=False 表示降序
inplace	是否用排序后的数据集替换原来的数据,默认为 False,即不替换
na_position	设定缺失值的显示位置,其值为 first、last

如下代码实现了在源数据集上按列名升序排列:

```
df.sort_index(axis=1,ascending=True,inplace=True)
```

列名是汉字,排序时按汉字编码的大小进行排序。排序前后的列名顺序如下:

```
排序前列名顺序为:'序号', '书号', '图书名称', '定价', '销量', '类别', '大类'
排序后列名顺序为:'书号', '图书名称', '大类', '定价', '序号', '类别', '销量'
```

9.8.2 排名

有时并不需要调整记录顺序,只需要标识每条记录的次序,如根据学生的总分标识学生的名次,这时可以用排名来实现。DataFrame 排名的函数为 rank(),其语法格式如下:

```
df.rank(axis=0, method='average',…)
```

主要参数含义如表 9-15 所示。

表 9-15 rank() 参数含义

参 数	说 明
axis	指定排名的轴向。axis=0 表示按行排名;axis=1 表示按列排名
method	指定并列值的排名方法,默认为 average average:并列值的平均名次 min:并列值的最小名次 max:并列值的最大名次 first:按值在原始数据中的出现顺序依次分配排名

使用不同的排名方法,排名的结果会不同。例如:

```
#按"销量"排名
#顺序排名
df['顺序排名']=df['销量'].rank(method='first',ascending=False).astype(int)
```

```
#平均排名
df['平均排名']=df['销量'].rank(method='average',ascending=False).astype(int)
#最小值排名
df['min排名']=df['销量'].rank(method='min',ascending=False).astype(int)
#最大值排名
df['max排名']=df['销量'].rank(method='max',ascending=False).astype(int)
```

各方法的排名结果如图 9-7 所示。

	序号	书号	图书名称	定价	销量	类别	大类	平均排名	min排名	max排名
0	B01	9787569204537	Android精彩编程200例	89.8	1300	Android	程序设计	2	2	2
1	B02	9787567787421	Android项目开发实战入门	59.8	2355	Android	程序设计	1	1	1
2	B16	9787569208542	零基础学Android	89.8	110	Android	程序设计	27	27	27
3	B04	9787569210453	C#精彩编程200例	89.8	120	C#	程序设计	22	19	26
4	B05	9787567790988	C#项目开发实战入门	69.8	541	C#	程序设计	8	8	8
5	B18	9787569210477	零基础学C#	79.8	120	C#	程序设计	22	19	26
6	B06	9787567787445	C++项目开发实战入门	69.8	120	C语言C++	程序设计	22	19	26
7	B07	9787569208696	C语言精彩编程200例	79.8	271	C语言C++	程序设计	14	14	14
8	B08	9787569210460	C语言项目开发实战入门	59.8	625	C语言C++	程序设计	6	6	6
9	B19	9787569208535	零基础学C语言	69.8	888	C语言C++	程序设计	3	3	4
10	B25	9787569226614	零基础学C++	79.8	333	C语言C++	程序设计	11	11	11
11	B10	9787569206081	Java精彩编程200例	79.8	241	Java	程序设计	16	16	16
12	B11	9787567787407	Java项目开发实战入门	59.8	120	Java	程序设计	22	19	26
13	B21	9787569205688	零基础学Java	69.8	663	Java	程序设计	5	5	5
14	B15	9787569222258	零基础学Python	79.8	888	Python	程序设计	3	3	4
15	B26	9787569226607	Python从入门到项目实践	79.8	559	Python	程序设计	7	7	7
16	B27	9787569244403	Python项目开发案例集锦	128.0	281	Python	程序设计	13	13	13
17	B23	9787569212693	零基础学Oracle	79.8	148	Oracle	数据库	17	17	17
18	B14	9787569221237	SQL即查即用	49.8	120	SQL	数据库	22	19	26
19	B20	9787569212709	零基础学HTML5+CSS3	79.8	456	HTML5+CSS3	网页	9	9	9
20	B22	9787569210460	零基础学Javascript	79.8	322	Javascript	网页	12	12	12
21	B03	9787567799424	ASP.NET项目开发实战入门	69.8	120	ASP.NET	网站	22	19	26
22	B17	9787569221220	零基础学ASP.NET	79.8	120	ASP.NET	网站	22	19	26
23	B09	9787567787438	JavaWeb项目开发实战入门	69.8	129	JavaWeb	网站	18	18	18
24	B12	9787567790315	JSP项目开发实战入门	69.8	120	JSP	网站	22	19	26
25	B13	9787567790971	PHP项目开发实战入门	69.8	354	PHP	网站	10	10	10
26	B24	9787569208689	零基础学PHP	79.8	248	PHP	网站	15	15	15

图 9-7　销量排名结果

对于同样是销量为 120 的图书，当 method＝"average"时，取所有销量为 120 的平均排名，(19＋20＋21＋22＋23＋24＋25＋26)/8＝22；；当 method＝"min"时，取销量相同的最小排名，排名为 19；当 method＝"max"时，取销量相同的最大排名，排名为 26。

‖ 9.9　数据汇总

数据汇总有助于人们从大量复杂的数据中提取有价值的信息，选择合适的汇总方法和工具可以有效地提高数据分析的质量和效率。

9.9.1　分类汇总

分类汇总是指对相同类别的数据进行统计汇总，即将同类别的数据放在一起，然后进行求和、求平均、求最大值、求最小值等汇总运算。分类汇总可以用 groupby()函数对数据进行分组，然后应用聚合函数或直接对列运用汇总函数进行汇总。

在进行分类汇总时，一定要厘清分类字段、汇总字段、汇总方式三个内容。groupby()函数根据分类字段对数据进行分组。groupby()函数的语法格式如下：

```
df.groupby(by, axis, level, as_index,sort,… )
```

常用参数含义如表 9-16 所示。

表 9-16　grouby()函数的参数含义

参　数	含　义
by	指定分组依据,可以是 DataFrame 中的列名、列名列表,或者是返回用于分组的值的一个函数
axis	指定沿着哪个轴进行分组。axis=0 表示沿着行方向(垂直分组),axis=1 表示沿着列方向(水平分组)。默认为 0
level	指定哪个级别的索引用于分组。默认为无
as_index	当 as_index 为 True 时,分组的键会成为结果 DataFrame 的行索引。如果设置为 False,则分组的键是结果 DataFrame 的普通列。默认为 True
sort	如果为 True,则在每个分组内,数据将按照索引排序。如果为 False,则保持数据的原始顺序。默认为 True

(1) 分类后,直接对列运用汇总函数:

```
df.groupby(分类列)[汇总列].汇总函数()
```

(2) 采用聚合函数 agg()进行分类汇总:

```
df.groupby(分类列).agg({"列1": "汇总函数","列2": "汇总函数",…})
```

常用的汇总函数如表 9-17 所示。

表 9-17　常用的汇总函数

函　数	功　能	函　数	功　能
count()	统计非空值个数	median()	求中位数
sum()	求和	mode()	求众数
mean()	求均值	var()	求方差
max()	求最大值	std()	求标准差
min()	求最小值	quantile()	求分位数

例如:计算 sales_eshop.xlsx 中各公司的总销售额。

分析:分类字段为"公司",汇总字段为"销售额",汇总方式是"求和"。

方法 1:

```
shopSale=salesData.groupby('公司')['销售额'].sum()
```

如图 9-8 所示,汇总结果为 Series 类型,分类字段"公司"是结果 Series 的 index。

方法 2:

```
shopSale=salesData.groupby('公司').agg({"销售额": "sum"})
```

如图 9-9 所示,汇总结果为 DataFrame 类型,分类字段"公司"是结果 DataFrame 的行名称。

方法 3:

```
shopSale=salesData.groupby('公司',as_index=False).agg({"销售额": "sum"})
```

如图 9-10 所示,设置 as_index 属性,将分类字段"公司"作为结果 DataFrame 的一列。

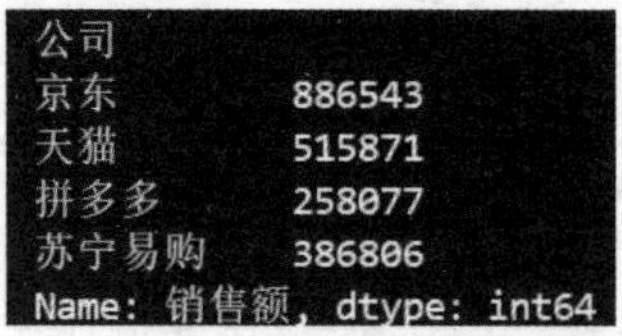

图 9-8　方法 1 结果

图 9-9　方法 2 结果

图 9-10　方法 3 结果

上述汇总函数使用 pandas 函数，若使用 NumPy 的统计函数，则不用加引号，如 agg(⟨"销售额"：np.sum⟩)。

例 9.9　读取 sales_eshop.xlsx。(eg9_9_分类汇总.py)

（1）分类汇总各电商的总销售额，并将结果保存为 Excel 文件（或 csv 文件）。

（2）分类汇总各类商品的平均单价，并将结果保存为 Excel 文件（或 csv 文件）。

（3）分类汇总各电商各类商品的总销售额。

（4）分类汇总各电商的总销售额以及单价的均值。

分析思路如表 9-18 所示。

表 9-18　例 9.9 分析思路

问　　　题	分 类 字 段	汇 总 字 段	汇 总 方 式
各电商的总销售额	公司	销售额	sum()
各类商品的平均单价	商品类别	单价	mean()
各电商各类商品的总销售额	公司，商品类别	销售额	sum()
各电商的总销售额以及单价的均值	公司	销售额 单价	sum() mean()

参考代码如下：

```
import pandas as pd
salesData=pd.read_excel("data/sales_eshop.xlsx",header=0)
pd.set_option('display.unicode.east_asian_width',True)
#各公司销售额总和
shopSale=salesData.groupby('公司',as_index=False).agg({"销售额": "sum"})
shopSale.to_excel("data/tmp/各电商销售量.xlsx",sheet_name='sales',header=
True)
#各类商品单价均值
avePrice=salesData.groupby('商品类别').agg({'单价': 'mean'})
avePrice.to_csv("data/tmp/商品均价.csv",header=True)
#各公司各类商品销售额总和
shopSale1=salesData.groupby(['公司','商品类别'],as_index=False).agg({'销售额':
'sum'})
print(shopSale1)
#各公司各类产品销售额的总和、单价的均值
shopSale3=salesData.groupby('公司',as_index=False).agg({'销售额': 'sum','单价':
'mean'})
print(shopSale3)
```

9.9.2　数据透视表

数据透视表通过对行或列的不同组合来对源数据进行求和、计数、求平均等汇总运算。可以用 pandas 的 pivot_table() 函数建立数据透视表。例如：

```
pd.pivot_table(data, values, index, columns, aggfunc, fill_value, margins,
dropna, margins_name, …)
```

pivot_table()函数的参数含义如表 9-19 所示。

表 9-19　pivot_table()函数的参数含义

参　数	含　义
data	指定要创建数据透视表的数据源，通常是一个 DataFrame 对象
values	需要汇总计算的列，可指定多个列，多个列以列表形式给出
index	行分组键，作为结果 DataFrame 的行索引
columns	列分组键，作为结果 DataFrame 的列索引
aggfunc	聚合函数或函数列表，默认为平均值
fill_value	用于填充缺失值的值
margins	布尔值，默认为 False。如果设置为 True，则会添加行和列的汇总信息，即在数据透视表的末尾添加总计行和总计列
dropna	布尔值，默认为 True，会在结果中排除全为 NaN 的列或行。如果为 False，则会保留这些 NaN 行或列
margins_name	当 margins=True 时，margins_name 用于设置汇总行和汇总列的名称，默认为 'All'

例 9.10　读取 sales_eshop.xlsx 文件。(eg9_10_数据透视表.py)

(1) 查看不同商品类别的各家公司的销售额总和。

(2) 查看各家公司不同商品类别的销售量总和与平均销售额，并将结果保存为 xlsx 文件。

参考实现：

(1) 不同商品类别各家公司的销售额总和，可以以“商品类别”为行、“公司”为列进行分组，对“销售额”进行求和。例如：

```
res=pd.pivot_table(df,index="商品类别",columns="公司",values="销售额",aggfunc=
"sum")
```

数据透视表结果如图 9-11 所示。

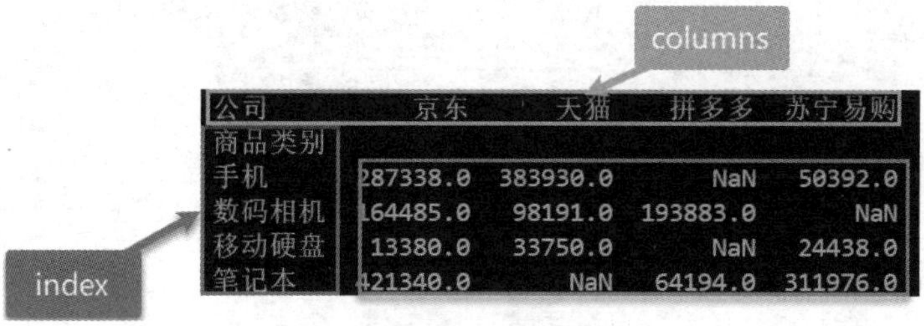

公司	京东	天猫	拼多多	苏宁易购
商品类别				
手机	287338.0	383930.0	NaN	50392.0
数码相机	164485.0	98191.0	193883.0	NaN
移动硬盘	13380.0	33750.0	NaN	24438.0
笔记本	421340.0	NaN	64194.0	311976.0

图 9-11　数据透视表(1)

也可以将“商品类别”和“公司”均指定为行分组。例如：

```
pd.pivot_table(df,index=["商品类别","公司"],values="销售额",aggfunc="sum")
```

数据透视表结果如图 9-12 所示。

可见，同一问题的数据透视表并不唯一，不同的行列分组有不同的数据展现形式。

（2）各家公司不同商品类别的销售量总和与平均销售额”，可以以“公司”“商品类别”作为分组，对销售量求和及对销售额求平均。例如：

```
pd.pivot_table(df,index=["公司","商品类别"],values=["销售量","销售额"],aggfunc=
{"销售量": "sum","销售额": "mean"})
```

数据透视表如图 9-13 所示。

商品类别	公司	销售额
手机	京东	287338
	天猫	383930
	苏宁易购	50392
数码相机	京东	164485
	天猫	98191
	拼多多	193883
移动硬盘	京东	13380
	天猫	33750
	苏宁易购	24438
笔记本	京东	421340
	拼多多	64194
	苏宁易购	311976

图 9-12　数据透视表（2）

公司	商品类别	销售量	销售额
京东	手机	62	71834.500000
	数码相机	15	82242.500000
	移动硬盘	20	13380.000000
	笔记本	60	140446.666667
天猫	手机	70	191965.000000
	数码相机	9	49095.500000
	移动硬盘	50	16875.000000
拼多多	数码相机	17	64627.666667
	笔记本	6	64194.000000
苏宁易购	手机	8	50392.000000
	移动硬盘	42	12219.000000
	笔记本	24	155988.000000

图 9-13　数据透视表（3）

9.10　日期数据处理

在处理股票数据、销售数据时，常需要按日期进行统计分析。pandas 提供了处理时间序列数据的工具，这些工具使得在 Python 中进行时间数据分析变得简单高效。以下是 pandas 处理时间数据常用的一些方法。

1. 将其他对象转换为日期时间对象

```
pd.to_datetime(arg,…)
```

可以将参数 arg 转换成日期时间类型。arg 可以是字符串、日期时间、字符串数组。例如：

```
import pandas as pd
pd.set_option('display.unicode.east_asian_width',True)
df=pd.DataFrame({'year': [2022,2023,2024],
                 'month': [6,11,12],
                 'day': [18,11,12]})
df['组合后的日期']=pd.to_datetime(df)
print(df)
```

pd.to_datetime(df)将 df 中 year、month、day 对应的信息组合成日期时间对象，结果如图 9-14 所示。

	year	month	day	组合后的日期
0	2022	6	18	2022-06-18
1	2023	11	11	2023-11-11
2	2024	12	12	2024-12-12

图 9-14　日期时间对象

2. 频率转换

利用 DataFrame.resample()函数可以轻松地在不同的时间频率之间进行转换，例如从日数据转换为月数据或年数据。例如：

```
resample('AS') #按年统计
resample('Q') #按季度统计
resample('M') #按月度统计
resample('W') #按星期统计
resample('D') #按天统计
```

例 9.11　读取 tmall_order_report.csv,完成下列操作。(eg9_11_日期时间处理.py)

(1) 删除有空值的行。

(2) 删除实际付款为 0 的记录。

(3) 去掉"收货地址""订单付款时间"列名中的空格(可通过重命名列名实现)。

(4) 统计各地 2 月 20 日、21 日总金额的和(分类汇总)。

(5) 建立各地 2 月 20 日、21 日总金额的和以及退款金额的平均值的数据透视表,并将数据透视表保存为独立的 xlsx 文件。

参考代码如下:

```
import pandas as pd
pd.set_option("display.max_columns",10)
pd.set_option('display.unicode.east_asian_width',True)
df=pd.read_csv("data/tmall_order_report.csv")
#删除有空值的行
df.dropna(how='any',inplace=True)
#删除所有实际付款为 0 的记录
df.drop(df[df["买家实际支付金额"]==0].index,axis=0,inplace=True)
#修改列名,以去掉原列名中的空格
df.rename(columns={"收货地址 ":"收货地址","订单付款时间 ":"订单付款时间"},
inplace=True)
#统计各地的支付总额
totalsum=df.groupby("收货地址",as_index=False).agg({"买家实际支付金额":'sum'})
#取出订单付款时间列中的年、月、日,组成新的年、月、日时间格式
#并将其设置为一个新列,然后将该列作用为 DateFrame 的行标签
year=pd.to_datetime(df['订单付款时间']).dt.year
month=pd.to_datetime(df['订单付款时间']).dt.month
day=pd.to_datetime(df['订单付款时间']).dt.day
dfDate=pd.DataFrame({'year': year,'month': month,'day': day})
#增加一列"付款日期"
df["付款日期"]=pd.to_datetime(dfDate)
#按付款日期排序
df.sort_values(by=['付款日期'],inplace=True)
#将付款日期设置为索引
df.set_index('付款日期',inplace=True)
#分类汇总统计各地 2 月 20 日、21 日总金额的和
df1=df['2020-02-20': '2020-02-21']
res=df1.groupby('收货地址')['总金额'].sum()
#各地 2 月 20 日、21 日总金额的和以及退款金额的平均值的数据透视表
res1=pd.pivot_table(df1,index=["收货地址"],values=["总金额","退款金额"],
aggfunc={"总金额": "sum","退款金额": "mean"})
res1.to_excel("data/tmp/salesInfo.xlsx")
```

本章小结

本章主要讲述了利用 pandas 进行数据处理及分析的方法。

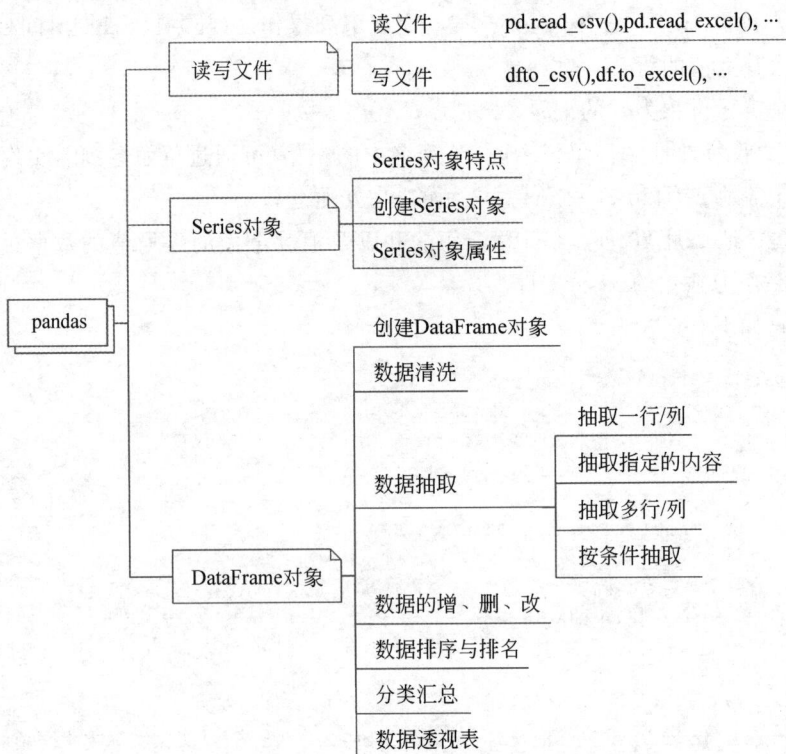

```
pandas ─┬─ 读写文件 ─┬─ 读文件 ── pd.read_csv(),pd.read_excel(),…
        │           └─ 写文件 ── dfto_csv(),df.to_excel(),…
        │
        ├─ Series对象 ─┬─ Series对象特点
        │              ├─ 创建Series对象
        │              └─ Series对象属性
        │
        └─ DataFrame对象 ─┬─ 创建DataFrame对象
                          ├─ 数据清洗
                          ├─ 数据抽取 ─┬─ 抽取一行/列
                          │            ├─ 抽取指定的内容
                          │            ├─ 抽取多行/列
                          │            └─ 按条件抽取
                          ├─ 数据的增、删、改
                          ├─ 数据排序与排名
                          ├─ 分类汇总
                          └─ 数据透视表
```

思考与练习

1. 读取 webScore.csv，完成以下操作。

（1）计算每个人的总成绩，并将总成绩放在最后一列，列名为 tScore。

（2）修改最后一列的列名为 totalScore。

（3）计算每一项成绩的平均分，并将其放在最后一行，将行名命名为 meanScore。

（4）将最后一列高于 100 分的成绩修改为 100。

（5）统计班级的最高分、最低分、平均分。

（6）根据总分划分为"优秀""通过""不及格"，并将其放在最后一列，列名为 grade（选做）。

（7）筛选期末成绩 fscore＞45 的所有行。

（8）筛选期末成绩 fscore＞45 的同学的期末成绩（只显示 fscore 列）。

（9）筛选期末成绩 fscore＜45 且平时成绩 oscore＜30 的记录。

（10）筛选期末成绩小于 45 且平时成绩小于 30 的记录，只显示 fscore 列和 oscore 列。

2. 分析 Chipotle 快餐数据。

（1）读取 chipotle.csv，将数据集存入一个名为 chipo 的 DataFrame。

（2）查看前 10 行内容。

（3）数据集中有多少列（columns）？

（4）打印全部列的名称。

（5）数据集的索引是怎样的？

（6）下单数最多的商品（item）是什么？

（7）一共有多少个商品被下单？

3. 分类汇总与数据透视表。

（1）读取"zlzp.csv 文件。

（2）删除 salaryReal＜1000 的记录。

（3）分类汇总各城市（positionWorkCity）工作岗位（positionName）的个数。

（4）建立各城市各学历平均工资（保留整数）数据透视表。

（5）将数据透视表保存在 salaryLevel.csv。

第 10 章　数据可视化

‖学习目标

(1) 了解数据可视化的意义
(2) 了解常用图表的适用场景
(3) 熟悉 matplotlib 的函数式编码基本流程
(4) 熟悉 matplotlib 的面向对象编码基本流程
(5) 掌握折线图、散点图、柱形图、饼图等基本图表类型的绘制
(6) 熟悉图表元素的设置与修改
(7) 了解动态交互图表的制作
(8) 掌握利用 pyecharts 制作动态可视化图表的方法

一图抵千言,数据可视化是将数据或其分析结果以图形、图表等形式展示的技术,它能够帮助人们更直观地理解数据的含义,发现数据之间的关系和趋势,从而为决策提供支持。

‖ 10.1　图表及实现工具

常用的数据图表有条形图、柱形图、雷达图、折线图、面积图、直方图、箱线图、散点图、饼图、环形图等。不同类型的图表适用于不同的场景,如折线图适合表达数据随时间变化的趋势,散点图适合分析两个变量之间的关系,饼图适合展示各类别占总量的比例等。根据分析目的,可以选择不同的图表类型。常用图表类型及适用场景如图 10-1 所示。

1. 常用的 Python 可视化工具

Python 中常用的数据可视化库如下。

matplotlib:matplotlib 是可用于创建静态、动态和交互式可视化图表的 Python 第三方库。matplotlib 可以绘制折线图、散点图、柱形图、直方图、饼图等多种图表,支持多种输出格式,如 PNG、PDF、SVG 等。该库在生成静态图像方面表现出色,因此常常被用于学术出版物的图表制作。matplotlib 默认图标样式相对基础,用户需要进行一定的自定义以达到更加专业或美观的效果。

seaborn:seaborn 是一个基于 matplotlib 的高级 Python 可视化库,旨在简化复杂的可视化实现过程。该库提供了多种内置风格,使绘制的图形更加美观,而无须用户进行过多的样式调整。它提供了更多图表类型,如热力图、小提琴图等。seaborn 与 pandas 数据结构紧密集成,使得利用 DataFrame 数据进行绘图非常方便。

plotly:plotly 是一个强大的开源绘图库,支持多种编程语言,包括 Python、R 和

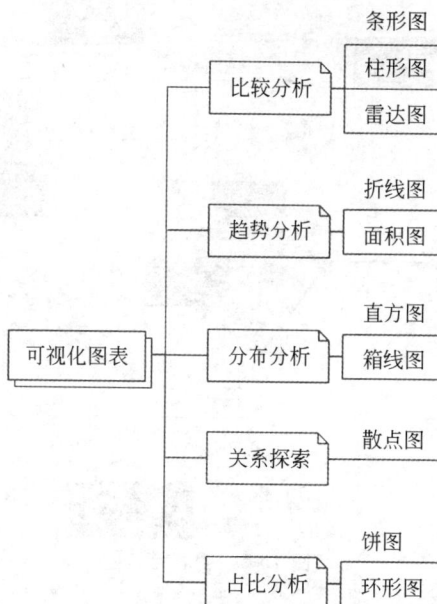

图 10-1　常用图表类型及适用场景

JavaScript。它提供了丰富的图表类型和高度可订制的选项,使得用户能够轻松创建交互式、动态且美观的数据可视化图表。

pyecharts:是 ECharts 的 Python 可视化库,用于创建美观、交互性强的图表。ECharts 是一个强大的 JavaScript 图表库,而 pyecharts 通过 Python 代码将 ECharts 的强大功能带入了 Python 生态系统,使得用户可以轻松地使用 Python 生成各种精美的图表。

pandas:虽然 pandas 主要用于数据处理和分析,但它也提供了基本的绘图功能,可以绘制一些简单的图形。

本章主要介绍利用 matplotlib 库实现静态可视化以及利用 pyecharts 实现动态可视化的方法。

2. 图表的基本组成

了解图表的基本组成部分可以有效地设计、修改图表。下面以一个折线图为例说明图表中的常用元素,如图 10-2 所示。

matplotlib 将图形绘制在图表区,每个图表区(figure)可以包含一个或多个坐标轴系统(axes),每个坐标轴系统由坐标轴(axis)指定点的区域。图表区、坐标轴系统与坐标轴的关系如图 10-3 所示。

- 图表区:图表区包含所有坐标轴系统、标题、图形、图例等图表元素以及画布。
- 坐标轴系统:坐标轴系统是图像中包含数据空间的区域。一个图形可以包含多个坐标轴,但一个坐标轴对象只能在一个图形中。
- 坐标轴:坐标轴负责设置图形界限、生成刻度线(坐标轴上的标记)和刻度标签(标记刻度线的字符串)。

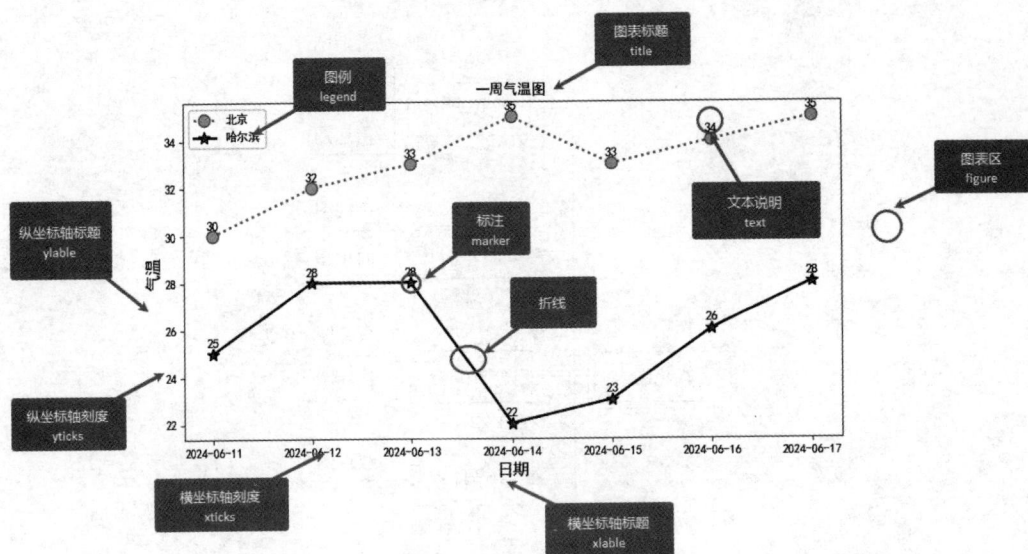

图 10-2　图表元素

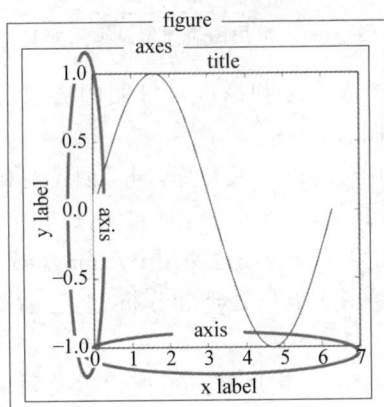

图 10-3　图表各部分关系

‖ 10.2　matplotlib 简介

matplotlib 是一个用于创建静态、动画和交互式可视化的 Python 第三方库。它提供了一整套 API，可以轻松地创建多种图表，如折线图、散点图、柱形图、直方图等。为了适应不同的需求，matplotlib 也可以与多个工具和库协同工作，例如 NumPy 和 pandas，从而使数据处理与可视化更加方便。

pip 命令安装 matplotlib 如下：

```
pip install matplotlib
```

10.2.1　matplotlib 绘图方式

matplotlib 提供两种绘图方式：pyplot( )函数绘图和面向对象绘图。两种方式各有优缺点。下面通过一个实例介绍两种不同的绘图方式。

　　例 10.1　绘制 $y = x^2$ 在 $[-1, 1]$ 的曲线。（eg10_1_基本绘图_函数式.py）

　　函数式绘图是指使用 matplotlib.pyplot 模块的函数直接绘图。例如：

```
import matplotlib.pyplot as plt
import numpy as np
x=np.linspace(-1,1,100)          #x 值
y=x**2                           #y 值
plt.plot(x,y)                    #画图
plt.title("Simple Plot")         #设置图表标题
plt.xlabel("x label")            #设置 x 轴标题
plt.ylabel("y label")            #设置 y 轴标题
plt.show()                       #显示图形
```

　　plt.plot()用于绘制折线图，plt.title()用于设置图表标题，plt.xlabel()和 plt.ylabel()用于设置横纵轴标签。

　　matplotlib 的核心是面向对象的。如果需要对 plots 进行更多的控制和自定义，建议直接使用面向对象绘图方式。面向对象绘图方式使用 pyplot.subplots()函数创建图形对象和坐标系 Axes 对象，然后通过 Axes.plot()函数在坐标系中绘制数据。例如：

```
import matplotlib.pyplot as plt
import numpy as np
x=np.linspace(-1,1,100)          #x 值
fig,ax=plt.subplots()            #创建图形和坐标轴对象
ax.plot(x, x**2)                 #在坐标轴中绘制数据
ax.set_xlabel('x label')         #设置 x 轴标题
ax.set_ylabel('y label')         #设置 y 轴标题
ax.set_title("Simple Plot")      #设置图表标题
plt.show()
```

　　fig,ax=plt.subplots()用于创建一个图形 fig 和一个坐标系 ax，ax.plot()用于在坐标系 ax 中绘图，ax.set_xlabel()和 ax.set_ylabel()用于设置横纵坐标轴标签，ax.set_title()用于设置图表标题。

　　两种绘图方式的区别如表 10-1 所示。

表 10-1　两种绘图方式的区别

	pyplot 函数绘图（基于函数，隐式）	面向对象绘图（面向对象，显式）
原理	由 pyplot 模块中的函数实现。图形（figure）和坐标轴对象（axes）通过这些函数进行操作，仅在后台隐式存在	创建一个图形（figure）和一个或多个坐标轴对象（axes），然后显式使用这些对象上的方法来添加数据、配置限制、设置标签等
API	matplotlib.pyplot	pyplot.subplots：创建图形和坐标轴 axes。axes：添加数据、限制、标签等
优缺点	函数式绘图代码较简短，容易上手，但容易迷失操作对象而造成混乱，适合绘制简单图表	面向对象绘图方式结构清晰，容易理解，给予了更多的控制，更适合绘制复杂多变的图表

1. pyplot 函数式绘图

函数式绘图的基本流程如下。

（1）导入模块：import matplotlib.pyplot as plt。

（2）选择函数绘制图表：如 plt.plot()用于绘制折线图，plt.scatter()用于绘制散点图，plt.bar()用于绘制柱形图，plt.pie()用于绘制饼图等。

（3）利用函数设置图表标题、坐标轴标签、图例等图表元素：如 plt.title()用于设置图表标题，plt.xlabel()用于设置 x 轴标签，plt.legend()用于设置图例等。

（4）保存/显示图形：plt.savefig()用于保存图形，plt.show()用于显示图形。

如果需要保存图形并显示图形，保存图形一定要放在显示图形前面，否则所保存的图形为空白。

例 10.2　绘制 0～2π 的正弦曲线。（eg_10_2_函数式绘图_绘制正弦曲线.py）

分析：在正弦曲线上取一些点，然后将这些点用平滑的曲线连接起来。

- 首先在 0～2π 取一些点，作为绘图点的横坐标。如在 0～2π 均匀地取 400 个点（取的点越多，曲线越平滑），如利用 NumPy 的 linspace()函数取值：x = np.linspace(0，2 * np.pi，400)。
- 然后由 x 计算对应的 y 值：y = np.sin(x)。
- 最后利用相关函数绘制图形并设置相关属性。

参考代码如下：

```
#1.导入相应的库
import matplotlib.pyplot as plt
import numpy as np
#2.获取绘图数据
#定义 x 的取值范围,从 0 到 2π
x =np.linspace(0, 2 * np.pi, 1000)
#计算对应 x 的正弦值
y =np.sin(x)
plt.rcParams['font.family'] ='simHei'          #解决中文显示问题
plt.rcParams['axes.unicode_minus']='False'     #解决负号显示问题
#3.绘制正弦曲线
plt.plot(x, y)
#4.设置图表元素
plt.title('绘制 sin(x)曲线')
plt.xlabel('x')
plt.ylabel('sin(x)')
#5.显示图形
plt.show()
```

2. 面向对象绘图

面向对象绘图的基本流程如下。

（1）导入模块：import matplotlib.pyplot as plt。

（2）创建图形对象和坐标轴对象：fig, ax = plt.subplots()。

（3）在坐标轴中绘制图形，例如：ax.plot(x, y)用于绘制折线图，ax.scatter()用于绘制散点图，ax.bar()用于绘制柱形图等。

（4）设置图表标题、轴标签、图例等属性，例如：ax.set_title()用于设置图表标题，ax.set_xlabel()用于设置横坐标轴标题，ax.set_ylabel()用于设置纵坐标轴标题等。

（5）保存/显示图形：plt.savefig()/plt.show()。

例 10.3　绘制 0～2π 的正弦曲线（eg 10_3_面向对象_绘制正弦曲线.py）。

参考代码如下：

```
#1.导入相应的库
import numpy as np
import matplotlib.pyplot as plt
#2.获取绘图数据
#定义 x 的取值范围，从 0 到 2π
x =np.linspace(0, 2 * np.pi, 400)
#计算对应 x 的正弦值
y =np.sin(x)
plt.rcParams['font.family'] ='simHei'          #解决中文显示问题
plt.rcParams['axes.unicode_minus']='False'     #解决负号显示问题
#3.创建图表对象和坐标轴 axes 对象
fig,ax =plt.subplots()
#4.在 axes 对象上绘制图形
ax.plot(x, y, label='sin(x)')
#5.设置图表元素
#添加图例
ax.legend()
#设置坐标轴标签
ax.set_xlabel('x')
ax.set_ylabel('sin(x)')
#设置标题
ax.set_title('正弦曲线')
#6.显示图形
plt.show()
```

10.2.2 matplotlib 中文显示

上例中的 plt.rcParams['font.family'] = 'simHei ' 是为了解决中文显示的问题。在未设置字体时，默认显示如图 10-4 所示，中文不能正常显示。要在 matplotlib 中显示中文，可以通过以下两个方法：

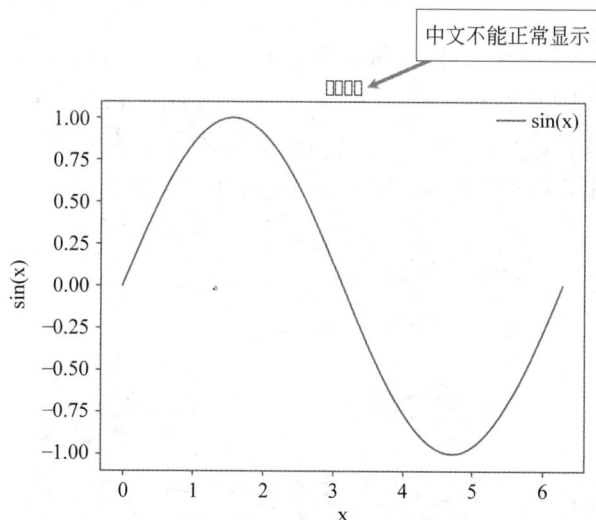

图 10-4　中文不能正常显示

• 设置 matplotlib 的字体参数；

• 下载支持中文的字体库。

1. matplotlib 字体参数

可以使用下列代码获取系统的字体参数，从中选择一个中文字体即可。例如：

```
from matplotlib import font_manager
a=sorted([f.name for f in font_manager.fontManager.ttflist])
for i in a:
    print(i)
```

输出结果如下：

```
...
SimHei
SimSun
SimSun-ExtB
Sitka Small
Sitka Small
Sitka Small
Sitka Small
...
```

通过设置 plt.rcParmas['font.fmaily'] 为系统中任意一个中文字体名称，即可在图表中正常显示中文。例如：plt.rcParams['font.family'] = 'SimHei'。

不同操作系统支持的中文字体名称不一样。例如：Windows 系统常用 SimHei、SimSun 等；macOS 常用 Heiti TC 等。也可以同时设置多个字体，如 plt.rcParams['font.family'] = ['SimHei','SimSun']表示首先选用第一个字体，若第一个字体不能显示，则选用第二个字体，以此类推。

如果坐标轴中的负号不能正常显示，可设置：

```
plt.rcParams['axes.unicode_minus']=False
```

2. 使用字体库

matplotlib 默认不支持中文，除了可以使用系统中的中文字体以外，还可以下载中文字体并存放在项目文件夹中，通过 matplotlib.font_manager.FontProperties(fname="字体文件路径") 指定字体文件路径，并用 fontproperties 属性设置字体。

例 10.4　设置自定义字体库的字体。（eg10_4_中文字体设置.py）

```
import numpy as np
import matplotlib.pyplot as plt
import matplotlib
x =np.linspace(0, 2 * np.pi, 400)
y =np.sin(x)
# fname 为字体库路径
zhfont1 =matplotlib.font_manager.FontProperties(fname="SourceHanSansSC-Bold.otf")
 plt.plot(x, y)
plt.title('正弦曲线',font properties=zhfont1)
plt.xlabel('x')
plt.ylabel('sin(x)')
plt.show()
```

10.3 图表的常用设置

本节通过绘制折线图介绍图表的常用设置,包括设置图表画布、坐标轴刻度、坐标轴标签、图表标题、图例以及图形中的标注、文本说明等,并介绍 matplotlib 中颜色、线型、标注形状等的设置。

折线图用于分析事物随时间或有序类别变化的趋势。在折线图中,x 轴数据通常为连续时间间隔或有序类别(如周一、周二、周三),y 轴通常为量化数据,如果为负值,则绘制于 y 轴下方。

例 10.5 绘制表 10-2 中气温的折线图,效果如图 10-5 所示。(eg10_5_气温折线图.py)

表 10-2 气温表

时间	周一	周二	周三	周四	周五	周六	周日
气温/℃	32	31	33	30	25	28	31

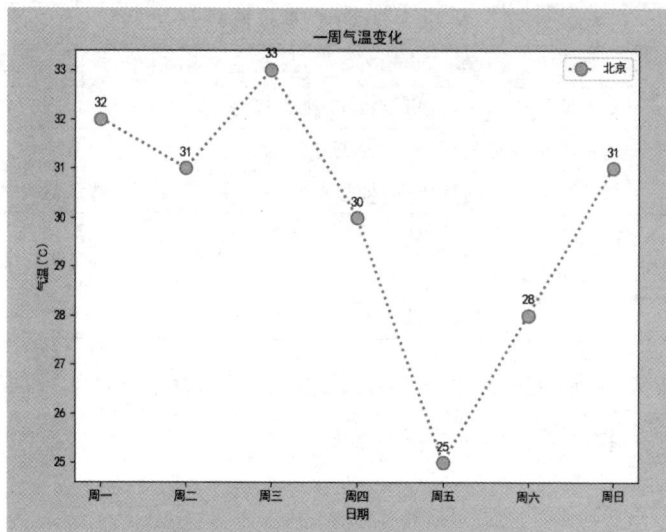

图 10-5 气温折线图(1)

分析:图表中设置了图表区的背景颜色、横纵坐标轴标题、图表标题、图例、折线线型、颜色、标注及文本,参考代码如下:

```
import matplotlib.pyplot as plt
#假设的一周气温数据
days =['周一', '周二', '周三', '周四', '周五', '周六', '周日']
temperatures =[32, 31, 33, 30, 25, 28, 31]
plt.figure(figsize=(8,6),facecolor="#D3D3D3")
plt.rcParams['font.family'] ='simHei'
#绘制折线图
plt.plot(days,temperatures,color="deeppink",linewidth=2,linestyle=": ",label=
"北京",marker='o',markerfacecolor="y",markersize=10)
#添加标题和坐标轴标签
plt.title('一周气温变化')
```

```
plt.xlabel('日期')
plt.ylabel('气温(℃)')
for x,y in zip(days,temperatures):
    plt.text(x,y+0.2,y,ha="center",va="bottom",fontsize=11)
plt.legend()
#显示图形
plt.savefig("折线图.png")
plt.show()
```

1. 画布设置

可以使用 figure()函数设置绘图画布的大小、分辨率、颜色和边框等。可以在一张画布上绘制一个图形，也可以将整个画布划分为多部分，以实现在同一张画布上绘制多个图形。在绘图时，可以省略 plt.figure()函数，直接在默认的画布上进行图形绘制。其基本语法格式如下：

```
plt.figure(num=None, figsize=None, dpi=None, facecolor=None, edgecolor=None,
frameon=True,…)
```

参数说明如表 10-3 所示。

表 10-3　figure()参数说明

参　　数	说　　明
num	图形编号或名称，若指定数字，则为编号；若指定字符串，则为名称
figsize	指定画布的宽和高，单位为英寸
dpi	指定绘图对象的分辨率，即每英寸包含多少个像素，默认值为80
facecolor	设置画布的背景颜色
edgecolor	设置边框颜色
frameon	设置是否显示边框，默认为 True，表示显示边框

例如设置画布大小为 8×6 英寸（1 英寸＝2.54 厘米），背景颜色为 ＃D3D3D3：

```
plt.figure(figsize=(8,6),facecolor="#D3D3D3")
```

2. 绘制折线图

折线图函数的语法格式如下：

```
plt.plot(x,y, format_string, * * kwargs)
```

- x、y：x 轴、y 轴数据。
- format_string：控制折线格式的字符串，包括颜色、线条样式和标记样式。format_string 常用的属性如表 10-4 所示。

表 10-4　String 常用的属性

参　　数	说　　明
color	折线的颜色
linestyle	线条类型，默认值为实线"－"
linewidth	线条粗细，默认值为 1
marker	折线上标记点的形状，默认值为 None

参　　数	说　　明
markeredgecolor	标记点的边框颜色
markerfacecolor	标记点的填充颜色
markersize	标记点的大小
alpha	点的透明度
label	图例内容

3. 颜色设置

使用 matplotlib 绘图时,可以接受的颜色表示形式如表 10-5 所示。

表 10-5　matplotlib 颜色表示形式

格　　式	示　　例
颜色名称	'red'(红色)、'blue'(蓝色)、'green'(绿色)等常见颜色名称
一些基本颜色的单字符速记符号	'b' (blue) 'g'(green) 'r'(red) 'c' (cyan) 'y'(yellow) 'k'(black) 'w'(white) …
十六进制颜色代码	'♯ff0000'(红色)、'♯00ff00'(绿色)等
RGB 或 RGBA 值	以元组(red, green, blue, alpha) 表示,元组中各元素的值在 [0, 1]之间。如(1, 0, 0)(红色)、(0, 1, 0, 0.5)(半透明绿色)

案例代码中的 facecolor＝"♯D3D3D3"使用十六进制颜色值设置颜色,color＝"deeppink"使用颜色名称设置颜色,markerfacecolor＝"y"使用单字符表示颜色。

4. 线条样式

简单的线条样式(linestyle)可以使用字符串 "-""--""-." 或 ":"来定义。更精细的控制可以通过元组(offset,(on_off_seq))来实现。具体如表 10-6 所示。

表 10-6　线条样式

参　　数	结　　果
'-'	————————————————————————
'--'	– – – – – – – – – – – – – – – – –
'-.'	–·–·–·–·–·–·–·–·–·–·–·–·–·–·–
':'	····································
(offset, on-off seq)	(0,(3, 10, 1, 15))表示(3pt 线, 10pt 空格, 1pt 线, 15pt 空格), 偏移量为0 – · – · – · – · – · – ·

5. 标记样式

常用的标记样式（marker）如表 10-7 所示。

表 10-7 常用标记样式

标 记	描 述	标 记	描 述	标 记	描 述
d	小菱形 ◆	*	星形 ★	1	下花三角 ⩔
D	大菱形 ◆	|	垂直线 ▮	2	上花三角 ⩘
h	竖六边形 ⬢	.	点	3	左花三角 ◁
H	横六边形 ⬣	^	上三角 ▲	4	右花三角 ▷
o	实心圆 ●	v	倒三角形 ▼		
s	实心正方形 ■	>	右三角 ▶		
p	实心五角形 ⬟	<	左三角 ◀		

案例代码中，marker='o'、markerfacecolor="y"和 markersize=10 分别设置了标记样式为实心圆、标记的背景颜色为 yellow、标记大小为 10。

6. 标题、坐标轴、图例等图表元素设置

添加标题、坐标轴名称、绘制图形等步骤是并列的，没有先后顺序，可以先绘制图形，也可以先添加各类标签。但是，添加图例一定要在绘制图形之后。

常用的设置图表元素的函数及其功能如表 10-8 所示。

表 10-8 常用图表元素函数及其功能

函 数	说 明
plt.title()	添加图表标题
plt.xlabel()	添加 x 轴标题
plt.ylabel()	添加 y 轴标题
plt.xlim(left,right)	指定 x 轴的范围为[left,right]
plt.ylim(bottom,top)	指定 y 轴的范围为[bottom,top]
plt.xticks()	指定 x 轴的刻度与标签
plt.yticks()	指定 y 轴的刻度与标签
plt.legend()	指定当前图形的图例，可以指定图例的大小、位置、标签

例如添加图表标题和坐标轴标题：

```
plt.title("一周气温图")
plt.xlabel("日期",fontsize=14)
plt.ylabel("气温",fontsize=14)
```

7. 坐标轴刻度及标签设置

设置坐标轴刻度和标签的语法格式如下：

```
plt.xticks(locs, [labels], * * kwargs)
```

- locs：是一个数组，指定 X 轴刻度的位置。
- labels：是一个数组，指定 X 轴上刻度的标签内容。
- ＊＊kwargs：用于设置标签字体的倾斜度和颜色等。

例如将图 10-5 中的横坐标修改为"1 日""2 日"等：

```
plt.xticks(range(0,7),labels=['1日','2日','3日','4日','5日','6日','7日'])
```

因为有 7 天的数据，所以刻度为 range(0,7)，labels 属性指定每个刻度下的标签。设置后，图表横坐标刻度和标签显示如图 10-6 所示。

8. 图例设置

设置图例的语法格式为：

```
plt.legend(loc,fontsize,…)
```

- loc：用于设置图例位置。图例位置可以用位置字符串或位置索引表示，表示方法如表 10-9 所示。

表 10-9　图例位置参数

位 置(字符串)	位 置 索 引	描　　述
best	0	自适应
upper right	1	右上方
upper left	2	左上方
lower left	3	左下方
lower right	4	右下方
right	5	右侧
center left	6	左侧中间位置
center right	7	右侧中间位置
lower center	8	下方中间位置
upper center	9	上方中间位置
center	10	正中央

注意：

- 当手动添加图例时，有时会出现文本显示不全的情况，解决方法是在文本后面添加一个逗号，如 plt.legend('简单图表',)。
- 绘图时设置 label 属性，图例不会显示，还需配合 plt.legend()方法才会显示图例。

9. 文本说明设置

绘图过程中，为了能够更清晰、直观地看到数据，有时需要给图表中指定的数据点添加

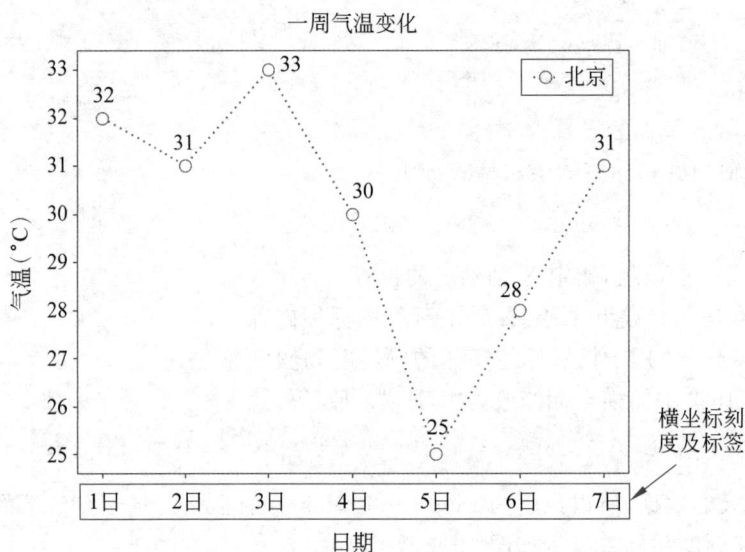

图 10-6　气温折线图（2）

文本说明，文本说明可以用 plt.text() 方法进行添加，其语法格式为：

```
plt.text(x,y,string,fontsize,va,ha)
```

- x,y：表示文本放置位置的横纵坐标，通常以该点的数据坐标表示。
- string：要显示的文本内容。
- fontsize：表示字体大小。
- va：垂直对齐方式，其值可以为 center、top、bottom、baseline、center_baseline。
- ha：水平对齐方式，其值可以为 center、right、left。

例如对案例中对周一至周日的气温数据进行标注：

```
for x,y in zip(days,temperatures):
    plt.text(x,y+0.2,y,ha="center",va="bottom",fontsize=11)
```

zip() 函数用于将多个可迭代对象（如列表、元组、字符串等）按照索引位置打包成元组。zip(days，temperatures)用于将 days 和 temperatures 打包为 zip 对象。用 list(zip(days，temperatures))用于将 zip 对象转换为列表后，查看打包中的元素为

```
[('周一', 32), ('周二', 31), ('周三', 33), ('周四', 30), ('周五', 25), ('周六', 28),
('周日', 31)]
```

for x,y in zip(days,temperatures)表示循环遍历 zip 对象中的每个元素，以列表中的第一个元素为例，x、y 分别为"周一"、32。plt.text(x,y+0.2,y,ha="center",va="bottom"，fontsize=11)中的前两个参数 x,y+0.2 分别为说明文字位置的横、纵坐标，y+0.2 是为了避免说明文本与标注重叠，而将其纵坐标向上提了一点，第 3 个参数 y 是说明文本。ha='center'表示水平居中显示，va='bottom'表示垂直对齐方式为底部。

例 10.6　根据 qiwen.xlsx 文件中的数据绘制北京和哈尔滨的气温图，效果如图 10-7 所示。（eg10_6_双折线图.py）

一周气温图

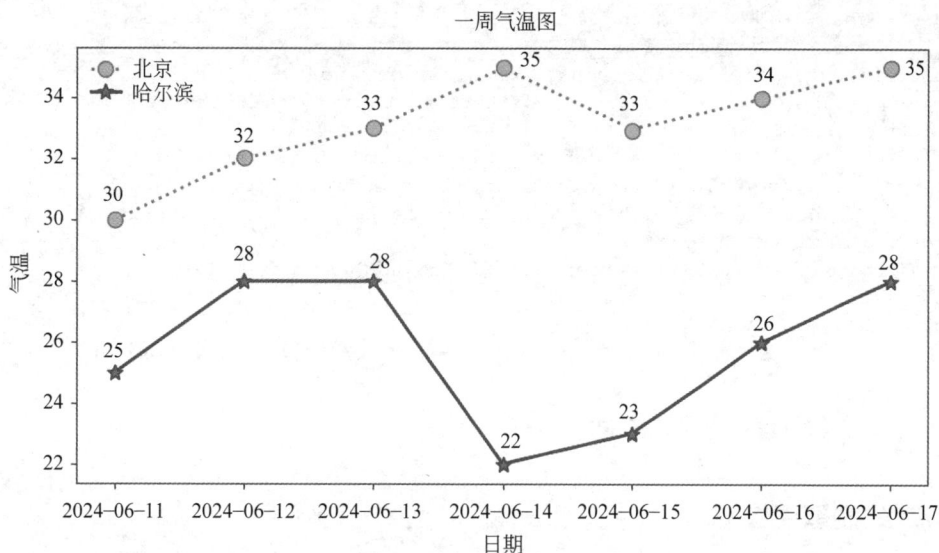

图 10-7　两地气温对比图

本例在同一个坐标系中绘制了北京和哈尔滨两个城市的气温折线图。要想在一个坐标系中绘制多个数据系列的图形,只要多次调用相应的绘图函数即可。

首先,读取进行可视化展现的数据:

```
import pandas as pd
import matplotlib.pyplot as plt
data=pd.read_excel("data/qiwen.xlsx",header=0,index_col=0)
```

数据内容如图 10-8 所示。

	2024-06-11	2024-06-12	2024-06-13	2024-06-14	2024-06-15	2024-06-16	2024-06-17
北京	30	32	33	35	33	34	35
哈尔滨	25	28	28	22	23	26	28

图 10-8　气温数据

折线图横坐标中的日期为 data 的列名,纵坐标数据分别为北京和哈尔滨的气温。因此绘图数据的代码如下:

```
x=data.columns
ybj=data.loc["北京"]
yhrb=data.loc["哈尔滨"]
```

有了绘图数据以后,利用函数绘制需要的图形即可。参考代码如下:

```
import pandas as pd
import matplotlib.pyplot as plt
data=pd.read_excel("data/qiwen.xlsx",header=0,index_col=0)
x=data.columns
ybj=data.loc["北京"]
yhrb=data.loc["哈尔滨"]
plt.rcParams["font.sans-serif"]="SimHei"
plt.figure(figsize=(10,5))                #设置画布大小
plt.title("一周气温图")                    #设置图像标题
```

```
plt.xlabel("日期",fontsize=14)                                #设置横坐标标题
plt.ylabel("气温",fontsize=14)                                #设置纵坐标标题
plt.plot(x,ybj,color="deeppink",linewidth=2,linestyle=": ", \
        label="北京",marker='o',markerfacecolor="y",markersize=10)
for a,b in zip(x,ybj):
    plt.text(a,b+0.2,b,ha="center",va="bottom",fontsize=11)
plt.plot(x,yhrb,color="darkblue",linewidth=2,linestyle="-", \
        label="哈尔滨",marker=' * ', markerfacecolor="r",markersize=10)
for a,b in zip(x,yhrb):
    plt.text(a,b+0.2,b,ha="center",va="bottom",fontsize=11)
plt.legend(loc='best')
plt.show()
```

10.4　常用图表的绘制

10.4.1　绘制散点图

散点图是以一个特征为横坐标，另一个特征为纵坐标，利用点的分布形态反映特征之间的统计关系的一种图形。散点图常被用于分析变量之间的相关性。如果两个变量的散点看上去都在一条直线附近波动，则称变量之间是线性相关的；如果所有点看上去都在某条曲线（非直线）附近波动，则称变量之间非线性相关的；如果所有点在图中没有显示任何关系，则称变量之间是不相关的。

绘制散点图可以使用 scatter()函数，其语法格式如下：

```
plt.scatter(x, y, s, c, marker, alpha, …)
```

- x，y：x 轴、y 轴数据。
- s：散点图中点的大小。
- c：散点图中点的颜色。颜色值见 10.3 节"3.颜色设置"中的说明。
- marker：点的形状，形状参数见 10.3 节"5.标记样式"中的说明。
- alpha：表示透明度，取值范围为 0～1。

例 10.7　依据 satisfaction.csv 文件中的数据，绘制排队时间与满意度的散点图。（eg10_7_散点图.py）

参考代码如下：

```
import pandas as pd
import matplotlib.pyplot as plt
data=pd.read_csv("data/satisfaction.csv",encoding= 'utf-8',header=0,index_col=None)
plt.rcParams["font.family"]="SimHei"
plt.scatter(data["排队时间"],data["满意度"],s=50,c='b',alpha=0.75)
plt.title("排队时间与满意度关系图")
plt.xlabel("排队时间")
plt.ylabel("满意度")
plt.savefig('scatter.png')
plt.show()
```

本例绘制散点图的横坐标为"排队时间"，纵坐标为"满意度"，点的大小为 50，颜色为蓝

色,透明度为 0.75,效果如图 10-9 所示。

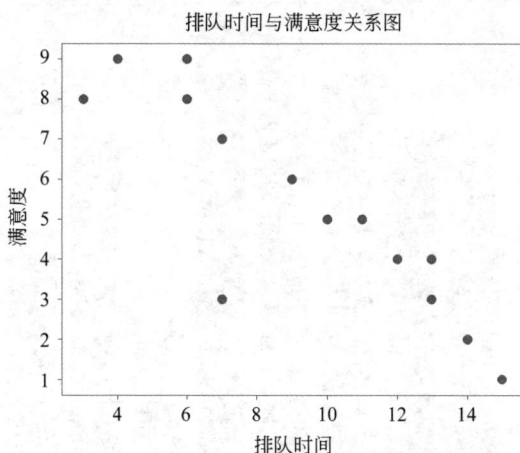

图 10-9　排队时间与满意度散点图

由散点图可见,排队时间与满意度大致呈负相关。

10.4.2　绘制柱形图

柱形图是一种使用矩形条对不同类别数值进行比较的统计图表。每个柱子表示一个分类,柱子的高度表示该分类上的数量。柱形图使用 bar()函数实现,其语法格式如下:

```
plt.bar(x, height, width=0.8, bottom=None, align='center', data=None, **
kwargs)
```

- x:x 轴的数据。
- height:柱子的高度,也就是 y 轴的数据。
- width:每根柱子的宽度,接收 0~1 的浮点数,默认值为 0.8。
- bottom:柱子底部位置的 y 值,浮点数或数组,默认值为 0。
- align:柱子位置与 x 值的对齐方式。align='center'表示柱子的中心与 x 值对齐,align='edge'表示柱子的左边缘与 x 值对齐。
- color:柱子的颜色。
- edgecolor:柱子边框的颜色。

例 **10.8**　利用 piaofang.xlsx 文件绘制 2015—2023 年全国电影票房收入柱形图,效果如图 10-10 所示。(eg10_8_柱形图.py)

读取数据:

```
import pandas as pd
import matplotlib.pyplot as plt
data=pd.read_excel('data/piaofang.xlsx',header=0)
```

观察前 2 行数据的结果,如图 10-11 所示。

由读取的数据以及绘制的柱形图可知,横坐标为 data 中"年份"列的数据,纵坐标为 data 中"全国票房收入(亿元)"列的数据。

2015—2023年全国电影票房收入

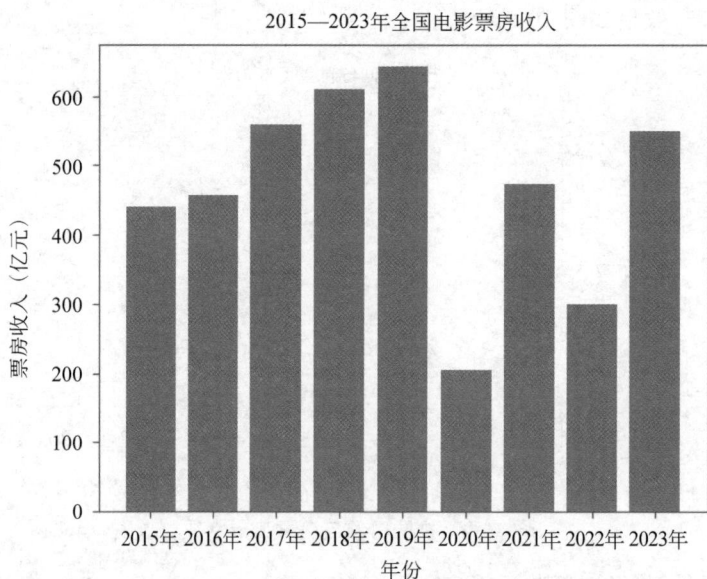

图 10-10　电影票房柱形图

	年份	全国票房收入（亿元）	国产片票房（亿元）	进口片票房（亿元）	国产片票房占比（%）
0	2015年	440.69	271.36	169.33	61.58
1	2016年	457.12	266.63	190.49	58.33

图 10-11　票房数据结果

```
x=data['年份']
y=data['全国票房收入(亿元)']
```

然后利用 plt.bar(x,y)进行绘图，参考代码如下：

```
import pandas as pd
import matplotlib.pyplot as plt
data=pd.read_excel('data/piaofang.xlsx',header=0)
#数据
x=data['年份']
y=data['全国票房收入(亿元)']
plt.rcParams['font.family']='simHei'
#绘图
plt.bar(x,y)
#设置图表标题及坐标轴标签
plt.title("2015—2023年全国电影票房收入")
plt.xlabel("年份")
plt.ylabel("票房收入(亿元)")
plt.savefig("simpleBar.png")
plt.show()
```

例 10.9　绘制"国产片票房"和"进口片票房"的柱形图，效果如图 10-12 所示。（eg10_9_多数据系列柱形图.py）

本例是绘制多个数据系列的柱形图，需要读取多个数据系列，然后进行绘制。例如：

```
import pandas as pd
import matplotlib.pyplot as plt
df=pd.read_excel("data/piaofang.xlsx")
x=df["年份"]
```

```
y1=df["国产片票房(亿元)"]
y2=df["进口片票房(亿元)"]
plt.rcParams["font.sans-serif"]=["SimHei"]
plt.bar(x,y1,align="center",label="国产片票房(亿元)",color="gold")
plt.bar(x,y2,align="center",label="进口片票房(亿元)",color ='slategray')
plt.show()
```

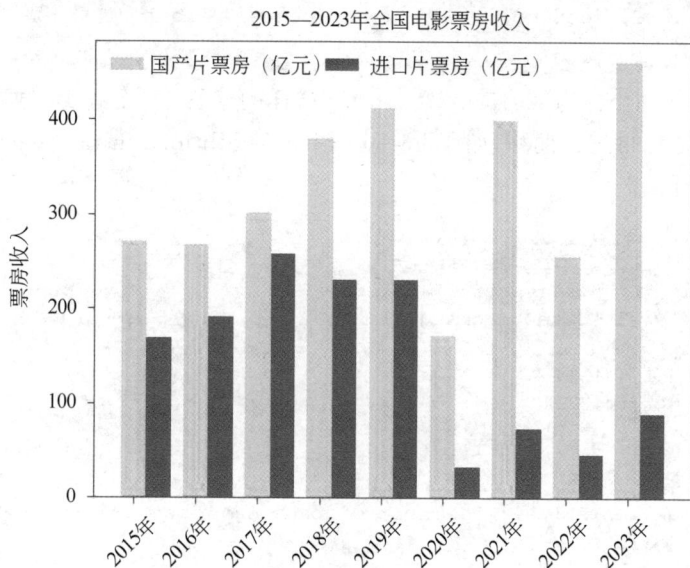

图 10-12 国产片票房和进口片票房柱形图

绘图结果如图 10-13 所示。

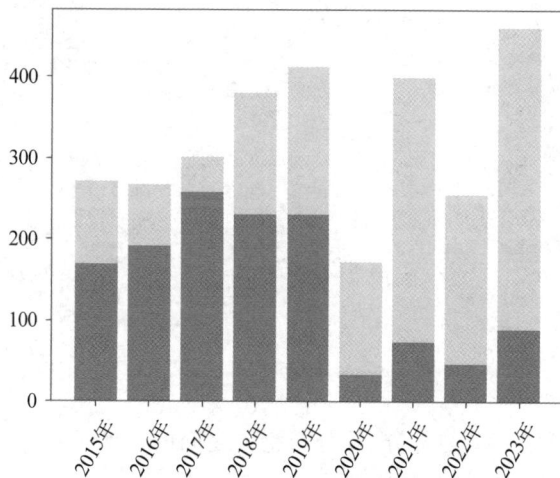

图 10-13 多系列柱形图

"国产片票房"和"进口片票房"两个数据系列叠在了一起,这是因为在柱形图中,每个柱子的宽度默认为 0.8,并且居中显示,两个数据系列柱子的宽度和位置相同,因此发生了堆叠。如果要实现图 10-11 中的多个数据系列并列显示,则要调整每个数据系列柱子的位置及宽度。设置柱子的宽度为 barwidth,第二个数据系列的柱子向右偏移第一个柱子的宽度显示即可。例如：

```
bar_width=0.4
#第一组数据
plt.bar(x,y1,width=bar_width,align="center",label="国产片票房(亿元)",color=
"gold")
##第二组数据
xnew=[i+bar_width for i in range(len(x))]
plt.bar(xnew,y2,width=bar_width,align="center",label="进口片票房(亿元)",color
='slategray')
```

因为目前的 x 轴坐标为"2015 年""2016 年"这样的字符串，无法实现加法运算，故先将 x 轴坐标刻度数值化再进行偏移，如 xnew＝[i＋bar_width for i in range(len(x))]。

参考代码如下：

```
import pandas as pd
import matplotlib.pyplot as plt
plt.rcParams["font.sans-serif"]="SimHei"
df=pd.read_excel("data/piaofang.xlsx")
x=df["年份"]
y1=df["国产片票房(亿元)"]
y2=df["进口片票房(亿元)"]
bar_width=0.4
#绘图
#第一组数据
plt.bar(range(len(x)),y1,width=bar_width,align="center",label="国产片票房(亿
元)",color="gold")
##第二组数据
xnew=[i+bar_width for i in range(len(x))]
plt.bar(xnew,y2,width=bar_width,align="center",label="进口片票房(亿元)",color
='slategray')
#设置图表标题
plt.title("2015—2023年全国电影票房收入")
#设置行、列标题
plt.xlabel("年份")
plt.ylabel("票房收入")
#设置 X 轴刻度
plt.xticks(range(len(x)),x, color='blue',rotation=45)
                        #以各个年份为横坐标刻度,标签显示旋转 45°
#设置图例
plt.legend(loc="upper left",ncol=2)
plt.savefig("tmp/multibar.jpg")
plt.show()
```

10.4.3　绘制饼图

饼图可以清楚地反映部分与部分、部分与整体之间的比例关系，用于显示每组数据相对于总数的大小。pie()函数的语法格式如下：

```
pie(x, explode=None, labels=None, colors=None, autopct=None, pctdistance=0.6,
shadow=False, labeldistance=1.1, startangle=0, radius=1,…)
```

主要参数说明如表 10-10 所示。

例 10.10　绘制各产业国内生产总值的饼图，效果如图 10-14 所示。（eg10_10_饼图.py）

表 10-10　pie() 函数的参数说明

参　　数	说　　明
x	待绘图数据
explode	饼图中每一块离圆心的距离
labels	饼图中每一块的标签
colors	饼图中每一块的颜色
labeldistance	label 标记的绘制位置,其值是指相对于半径的比例,默认值为 1∶1,如设置小于 1 的值,则将标签绘制在饼图内侧
radius	饼图的半径,默认值为 1
autopct	设置饼图中显示百分比的格式字符串或函数,如 autopct='%.1f%%'会显示保留 1 位小数的百分比
shadow	是否有阴影,默认值为 False
startangle	起始绘制角度,默认从 0°(x 轴正方向)开始逆时针旋转
pctdistance	功能类似于 labeldistance,用于设置 autopct 的百分比的位置,默认值为 0.6

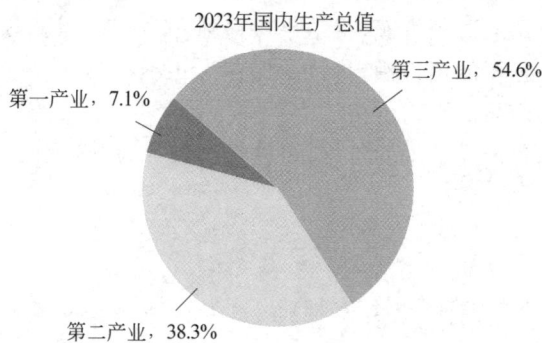

2023年国内生产总值

图 10-14　各产业国内生产总值饼图

读取数据:

```
import matplotlib.pyplot as plt
import pandas as pd
data=pd.read_excel("data/GDP.xlsx",header=0,index_col=0)
```

数据结构如图 10-15 所示。

绘制饼图的数据和标签分别如下:

```
x = data["国内生产总值(亿元)"]
labels = data.index
```

国内生产总值(亿元)	
第一产业	89755.2
第二产业	482588.5
第三产业	688238.4

图 10-15　数据结构

绘制饼图:

```
plt.pie(x, labels=labels, autopct='%.1f%%', startangle=140, pctdistance=0.85)
```

autopct 设置在饼图中显示每一部分的比例,"%.1f%%"表示显示百分比,并且百分比中保留小数点后 1 位小数,startangle 表示起始角度为 140°,pctdistance=0.85 表示百分比显示的位置为距离圆心 85% 的位置。

完整参考代码如下：

```
import matplotlib.pyplot as plt
import pandas as pd
data=pd.read_excel("data/GDP.xlsx",header=0,index_col=0)
#数据
x =data["国内生产总值(亿元)"]
labels =data.index
plt.rcParams['font.family']='simHei'
#创建饼图
plt.pie(x, labels=labels, autopct='%1.1f%%', startangle=140, pctdistance=
0.85)
#添加标题
plt.title('2023年国内生产总值')
plt.savefig('tmp/simplePie.png')
#显示图形
plt.show()
```

‖ 10.5　综合案例

读取 sales.xlsx 文件，完成以下操作。

（1）分类汇总各公司的总销售额，将结果保存到 gross_sales.xlsx 文件。

（2）用饼图展示各公司的销售额，将饼图保存为 gross_sales.png。

（3）分类汇总各类产品的平均价格。

（4）用柱形图展示各产品的平均价格，将柱形图保存为 price.png。

读取数据：

```
import pandas as pd
import matplotlib.pyplot as plt
data=pd.read_excel("data/sales.xlsx")
```

数据结构如图 10-16 所示。

	日期	商品类别	商品名称	公司	销售量	单价	销售额
0	2019-11-11	手机	Apple iPhone 11	京东	10	5999	59990
1	2019-11-11	手机	Apple iPhone XR	京东	16	5099	81584

图 10-16　数据结构

（1）分类汇总各公司的总销售额，分类字段为"公司"，汇总字段为"销售额"，汇总方式为"求和"。实现如下：

```
gross_sales=data.groupby("公司",as_index=False).agg({"销售额": "sum"})
```

将结果保存到 gross_sales.xlsx 文件中：

```
gross_sales.to_excel("tmp/gross_sales.xlsx")
```

汇总后的 gross_sales 数据如图 10-17 所示。

（2）用饼图展示各公司的销售额，并将饼图保存为 gross_sales.png。

饼图的数据为"销售额"列的内容，饼图的标签为

	公司	销售额
0	京东	886543
1	天猫	515871
2	拼多多	258077
3	苏宁易购	386806

图 10-17　汇总后的 gross_sales 数据

"公司"列的内容,代码如下:

```
plt.pie(gross_sales["销售额"],labels=gross_sales["公司"],…)
```

利用同样的思路,可以分类汇总各类产品的平均价格,然后利用 plt.bar()函数绘制柱形图。参考代码如下:

```
#分析 sales.xlsx
import pandas as pd
import matplotlib.pyplot as plt
data=pd.read_excel("data/sales.xlsx") #读取文件
#分类汇总各公司的总销售额
gross_sales=data.groupby("公司",as_index=False).agg({"销售额": "sum"})
#将结果保存到 gross_sales.xlsx 文件中
gross_sales.to_excel("tmp/gross_sales.xlsx")
#绘制饼图
plt.figure(figsize=(6,6))
plt.rcParams["font.family"]="simhei"
plt.pie(gross_sales["销售额"],labels=gross_sales["公司
"],autopct="%.1f%%",explode=[0.02,0.01,0.01,0.01])
plt.savefig("tmp/gross_sales.png")
#分类汇总各类产品的平均价格
ave_price=data.groupby("商品类别")["单价"].mean()
#绘制柱形图
plt.figure(num=2,figsize=(8,6))
plt.bar(ave_price.index,ave_price.values)
for i in range(len(ave_price.values)):
        plt.text(i,ave_price.values[i]+300,'%.1f'%ave_price.values[i],va=
'bottom',ha='center')
plt.savefig("tmp/price.png")
```

注意,本例使用了两种分类汇总的实现,不同的实现方法,汇总后的数据结构不一样,因此后续绘图时,x 轴、y 轴数据的取法也不一样。

10.6　pyecharts 交互式图表

交互式图表是一种动态的可视化工具,它允许用户与数据进行互动,从而更深入地理解和洞察数据背后的故事。Python 中常用于实现交互式图表的库有 plotly、bokeh 和 pyecharts 等。

pyecharts 是一个基于 ECharts 的 Python 可视化库,用于创建丰富和交互式的图表。ECharts 是一个基于 JavaScript 的开源可视化图表库。pyecharts 操作简单,囊括了 30 多种常见图表;高度灵活的配置项可轻松搭配出精美的图表;多达 400 多种地图文件;支持原生百度地图,为地理数据可视化提供了强有力的支持;可轻松集成至 Flask、Sanic、Django 等主流Web 框架。本部分讲解利用 pyecharts 实现动态图表制作,以及制作可视化大屏的方法。

10.6.1　pyecharts 快速上手

1. 利用 pip 安装 pyecharts

```
pip install pyecharts
```

2. pyecharts 绘图的基本流程

首先根据要绘制的图形选择图表函数并添加数据，然后根据要实现的图表效果进行图表设置，包括全局配置（标题、横纵坐标、工具栏等）和局部配置（图表线条、填充颜色、标签等）。例如：

```
#导包
from pyecharts.charts import 图表类型
from pyecharts import options as opts
#画图
#1.初始化具体类型图表
chart_name=图表函数()
#2.添加数据信息
chart_name.add_xaxis()
chart_name.add_yaxis()
#3.设置图表
chart_name.set_global_opts()
chart_name.set_series_opts()
#4.生成 HTML 文件
chart_name.render()
```

pyecharts 中的所有方法均支持链式调用，例如：

```
#导包
from pyecharts.charts import 图表类型
from pyecharts import options as opts
#画图
chart_name=(
    图表类型()
    .add_xaxis()
    .add_yaxis()
    .set_global_opts()
    .render()
)
```

1) 图表函数

绘图时首先要确定的就是图表函数，需要画什么图形就导入相应的库，然后利用相应的函数绘图，例如，绘制柱形图：

```
from pyecharts.charts import Bar
bar=Bar()
```

pyecharts 提供了 30 种以上的图表，可以在官网 https://pyecharts.org/#/zh-cn/basic_charts 查找图表对应的库，或者在示例图库 https://gallery.pyecharts.org/#/Bar/bar_base 中根据示例效果及代码导入相应的库。

2) add 数据

确认要画的图形函数后，下一步就是在图形中添加相应的数据，添加数据使用相应的add()函数实现，pyecharts 中多数图表的数据需以列表形式给出，否则图表无法正常显示。根据图表需要的数据不同，add()函数也不同，如柱形图有 x 轴和 y 轴数据，所以分别用 add_xaxis()和 add_yaxis()方法加入数据；水球图只有一维数据，用 add()方法即可。具体使用方法可查看相应的图表函数帮助。

3）图表设置

pyecharts 中的一切皆为配置，pyecharts.options 模块提供全局配置和系列配置项，全局配置项可通过 set_global_opts()方法设置，具体配置项可在 https：//pyecharts.org/♯/zh-cn/global_options 页面查看。常用的全局配置项如图 10-18 所示。

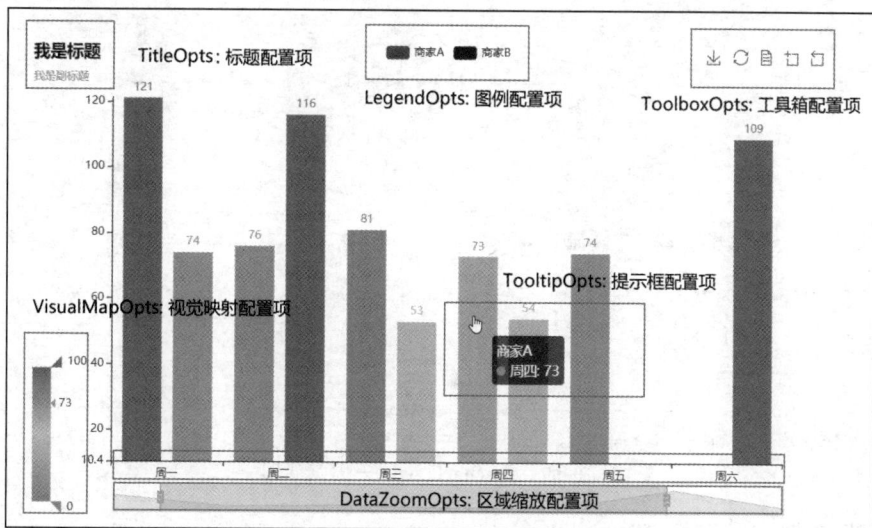

图 10-18　pyecharts 全局配置项

系统配置项可通过 set_series_opts()方法实现，系列配置参数主要包含一些图表内部比较细致的配置、线条颜色、文字样式等。具体设置项可查看 https：//pyecharts.org/♯/zh-cn/series_options 页面。

例如：

```
.set_series_opts(
    label_opts=opts.LabelOpts(is_show=False),
    markline_opts=opts.MarkLineOpts(
        data=[opts.MarkLineItem(y=50, name="yAxis=50")]
)#系列配置(标签、标记线)
```

4）生成网页

render()方法可以生成 HTML 文档，无参数时，在当前目录下生成 render.html 文件；有参数时，根据参数生成指定路径和文件名的文件。

例 10.11　如图 10-19 所示，绘制一周气温变化图。(eg10_11_pyecharts 绘制气温图.py)

参考代码如下：

```
from pyecharts.charts import Line
import pyecharts.options as opts
#绘图数据
days =['周一','周二','周三','周四','周五','周六','周日']
temperatures =[32, 31, 33, 30, 25, 28, 31]
#绘图
line=(
    Line()
    .add_xaxis(days)
    .add_yaxis("温度", temperatures)
```

```
        .set_global_opts(title_opts=opts.TitleOpts(title="一周气温图"))
        .render("基本折线图.html")
    )
```

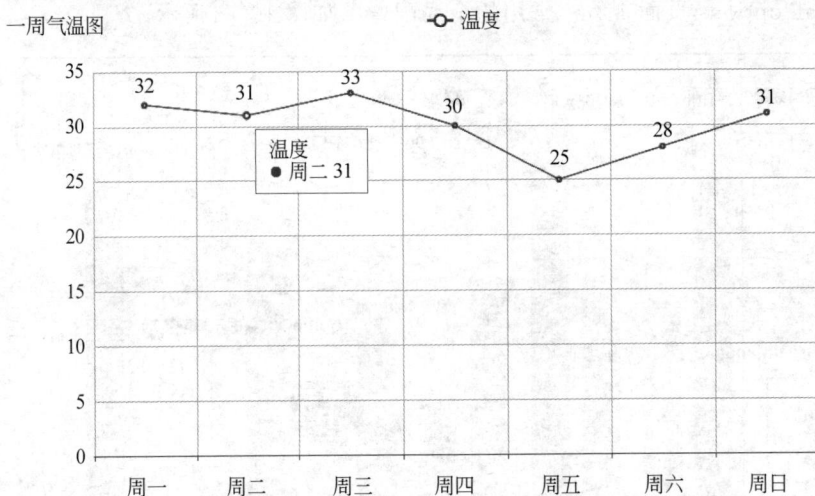

图 10-19　pyecharts 绘制一周气温图

3. 订制主题

pyecharts 提供了 LIGHT、DARK、CHALK 等 10 多种内置主题（参考：https：//pyecharts.org/♯/zh-cn/themes），开发者也可以订制自己喜欢的主题。pyecharts 内置主题在 **pyecharts.globals.ThemeType** 模块中。

修改上述代码，实现图 10-20 所示的效果。

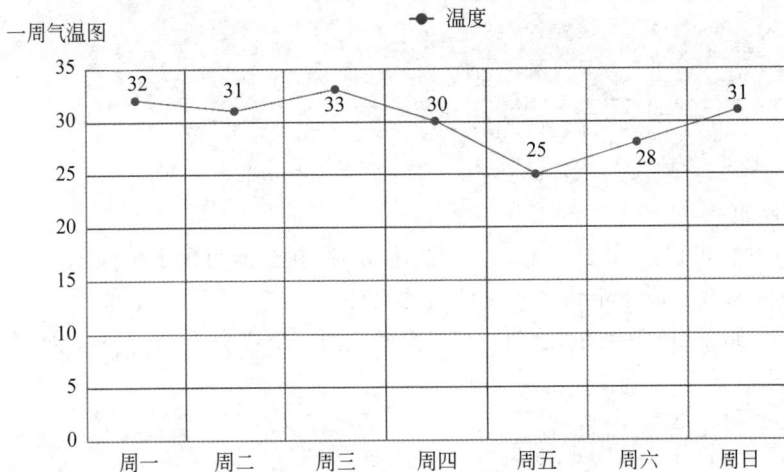

图 10-20　应用主题的图表

```
from pyecharts.charts import Line
import pyecharts.options as opts
from pyecharts.globals import ThemeType
#绘图数据
```

```
days =['周一', '周二', '周三', '周四', '周五', '周六', '周日']
temperatures =[32, 31, 33, 30, 25, 28, 31]
#绘图
line=(
    Line(init_opts=opts.InitOpts(theme=ThemeType.CHALK))
    .add_xaxis(days)
    .add_yaxis("温度", temperatures)
    .set_global_opts(title_opts=opts.TitleOpts(title="一周气温图"))
    .render("应用主题折线图.html")
)
```

10.6.2　pyecharts 实现大屏可视化

大屏可视化通过多种图表类型(如折线图、柱形图、饼图、地图等)展示数据的不同维度和关系,提供全面的数据视图,支持用户的交互操作,如点击、拖曳、放大、缩小等,以便用户深入探索和分析数据。大屏可视化(Dashboard Visualization)在现代数据分析和业务管理中具有重要意义。要想真正实现数据互动和及时更新,还需要结合 Web 框架,实现前后端信息交互。本部分只实现 pyecharts 模拟大屏可视化的效果,不涉及前后端信息交互。

利用 pyecharts 实现大屏可视化的基本步骤如下。

(1) 创建一个 page 对象,并设置为 DraggablePageLayout 布局。

Page 就相当于一张白纸,DraggablePageLayout 布局允许拖曳图表以实现重新布局。例如:

```
page = Page(layout=Page.DraggablePageLayout)
```

(2) 用 add()方法将各个图表添加到 page 上。例如:

```
page.add(
    scenicScatter.scatterShow(),
    scenicBarh.barhShow(),
    scenicWordcloud.wordcloudShow(),
    scenicMap.mapShow(),
    scenicBar.barShow(),
)
```

scenicScatter.scatterShow()、scenicBarh.barhShow()等分别用于绘制散点图、条形图等不同的图表。

(3) 用 render()方法将 page 保存为一个 HTML 文档。例如:

```
page.render("page_draggable_layout.html")
```

(4) 打开保存的网页 page_draggable_layout.html,手动拖曳以调整图表布局,并按图 10-21 所示单击按 Save config 按钮保存配置。注意,网页在操作系统中打开并调整,不要在 Visual Studio 或其他 Python IDE 中打开和调整。

保存后,会在浏览器默认的下载目录下生成一个 chart_config.json 文件。将该文件放在大屏可视化的项目文件夹中。

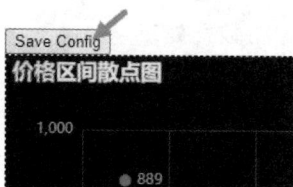

图 10-21　保存配置

(5) 用保存好的配置重新渲染网页,渲染后的网页即最终的大屏网页。例如:

```
page.save_resize_html("page_draggable_layout.html",cfg_file="chart_config.
json",dest="全国出游信息大屏可视化.html")
```

page_draggable_layout.html 为初始 HTML 文件，cfg_file 用于指定配置文件，dest 用于指定最终的大屏文件。

‖ 10.7 大屏可视化综合案例

根据"旅游景点.xlsx"文件中的数据，完成图 10-22 所示的大屏可视化效果。

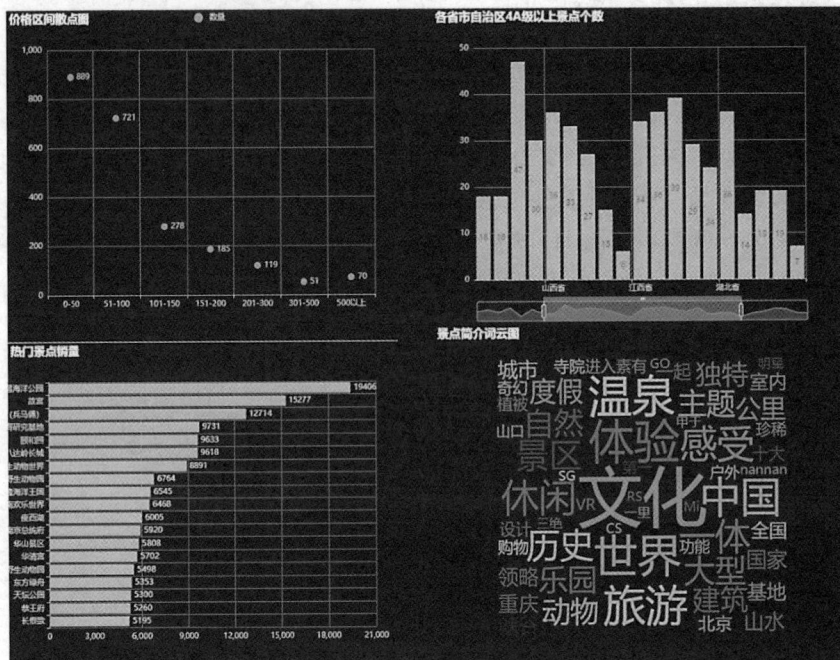

图 10-22 旅游数据大屏可视化

思路分析如图 10-23 所示。

实现过程：

1. 获取数据（dataProcess.py）

```
import pandas as pd
data=pd.read_excel("data/旅游景点.xlsx",index_col=0)
```

2. 数据处理

```
#查看是否有空缺值
print(data.isnull().sum())
#将"星级"空缺值用"未知"填充
data['星级']=data['星级'].fillna('未知')
#去掉销量为 0 的数据记录
data=data[data['销量']!=0]
#将处理好的数据保存为 newData.xlsx
data.to_excel("data/newData.xlsx")
```

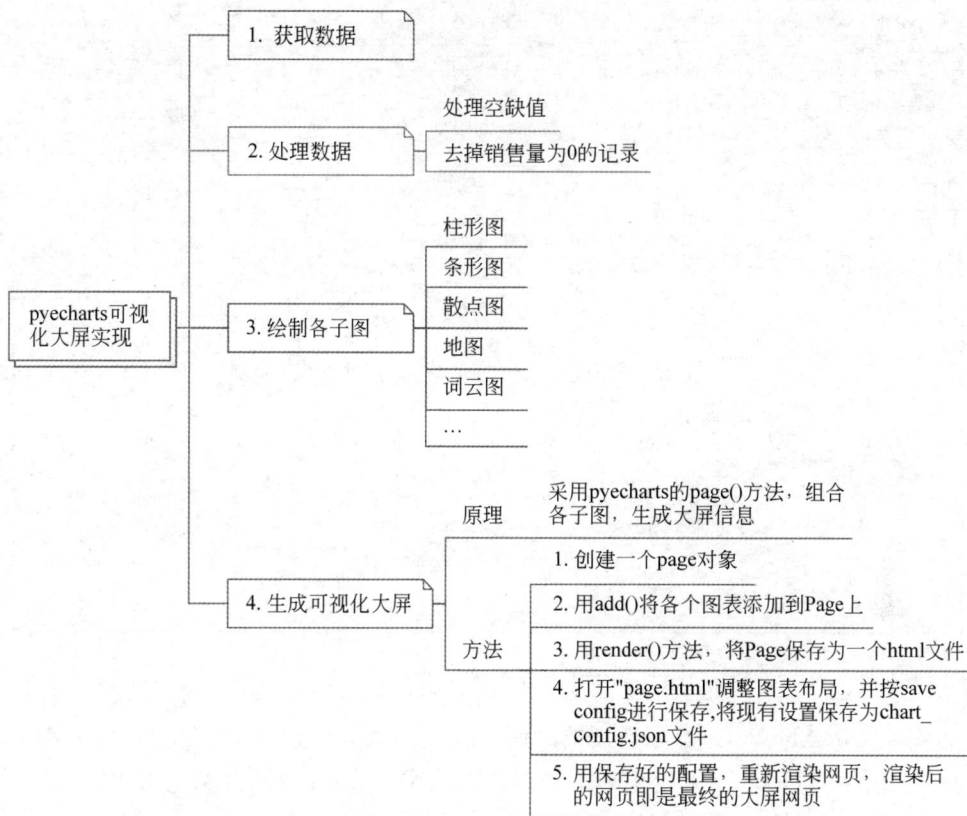

图 10-23　大屏可视化综合案例思路分析

3. 绘制各子图表

所有子图的绘制可以放在一个 Python 文件中完成。为了理解方便,本书将每个子图的实现保存为一个文件。

(1) 统计各城市 4A 级以上景点的个数,并绘制柱形图(scenicBar.py)。

先筛选星级为 '4A' 或 '5A' 的记录:

```
filtered_data =data[data['星级'].isin(['4A', '5A'])]
```

对筛选出的记录按城市进行景点个数统计:

```
scenic_counts =filtered_data.groupby('城市')["城市"].count()
```

统计结果 scenic_counts 为 Series 结构,scenic_counts.index 为柱形图的横坐标数据,scenic_counts.values 为柱形图的纵坐标数据。使用 Pyecharts 绘制图表时,其数据必须为列表类型。整理横、纵坐标数据如下:

```
attr=scenic_counts.index.tolist()
scenicValue=scenic_counts.values.astype(int).tolist()
```

利用整理好的数据绘制柱形图。参考代码如下:

```
import pandas as pd
from pyecharts import options as opts
from pyecharts.charts import Bar
```

```
from pyecharts.globals import ThemeType
#读取数据
data=pd.read_excel("data/newData.xlsx",index_col=0)
#筛选星级为 '4A' 或 '5A' 的记录
filtered_data =data[data['星级'].isin(['4A', '5A'])]
#按城市分组并计算个数
scenic_counts =filtered_data.groupby('城市')["城市"].count()
attr=scenic_counts.index.tolist()
scenicValue=scenic_counts.values.astype(int).tolist()
```

```
def barShow():
    c = (

Bar(init_opts=opts.InitOpts(theme=ThemeType.DARK,width="640px",height=
"480px"))
        .add_xaxis(attr)
        .add_yaxis("",scenicValue)
        .set_global_opts(
            title_opts=opts.TitleOpts(title="各省区市 4A 级以上景点个数"),
            datazoom_opts=opts.DataZoomOpts(),
        )
    )
    return c
```

```
if __name__ =='__main__':
    barShow().render("4A 级以上景点分布.html")
```

定义函数 barShow()进行柱形图的绘制。opts.InitOpts(theme＝ThemeType.DARK，width="640px"，height="480px")用于设置 DARK 主题，并将其宽度设置为 640px，高度设置为 480px。在实际完成过程中，可根据要显示的大屏分辨率以及一行要显示的图表个数设置每个图表的大小。datazoom＿opts＝opts.DataZoomOpts()用于设置缩放。dataZoom 的运行原理是通过数据过滤以及在内部设置轴的显示窗口来达到数据窗口缩放效果的。

（2）绘制销量前 20 的景点的条形图。（scenicBar.py）

完成思路：读取数据→按"销量"升序排列→取出最后 20 条记录里面的景点名称和销量→绘制条形图。

参考代码如下：

```
import pandas as pd
from pyecharts import options as opts
from pyecharts.charts import Bar
from pyecharts.globals import ThemeType
#读取数据
data=pd.read_excel("data/newData.xlsx",index_col=0)
#筛选星级为 '4A' 或 '5A' 的记录
filtered_data =data[data['星级'].isin(['4A', '5A'])]
#按城市分组并计算个数
scenic_counts =filtered_data.groupby('城市')["城市"].count()
attr=scenic_counts.index.tolist()
scenicValue=scenic_counts.values.astype(int).tolist()
def barShow():
    c = (
        Bar(init_opts = opts. InitOpts (theme = ThemeType. DARK, width =" 640px",
height="480px"))
```

```
        .add_xaxis(attr)
        .add_yaxis("",scenicValue)
        .set_global_opts(
            title_opts=opts.TitleOpts(title="各省区市 4A 级以上景点个数"),
            datazoom_opts=opts.DataZoomOpts(),
        )
        #.render("4A 级以上景点分布.html")
    )
    return c
if __name__ =='__main__':
    barShow().render("4A 级以上景点分布.html")
```

（3）在地图上显示各城市的景点销量。（scenicMap.py）

分类汇总求得各城市的景点销量：

```
res=data.groupby("城市",as_index=False).agg({ "销量": "sum" })
```

利用处理好的数据进行地图绘制，参考代码如下：

```
import pandas as pd
from pyecharts import options as opts
from pyecharts.charts import Map
from pyecharts.globals import ThemeType
data=pd.read_excel("data/newData.xlsx",index_col=0)
#各省销量分类汇总
res=data.groupby("城市",as_index=False).agg({ "销量": "sum" })
def mapShow():
    c = (
        Map(init_opts=opts.InitOpts(width="640px", theme=ThemeType.DARK))
        .add("各城市销量", [list(z) for z in zip(res["城市"], res["销量"])],
"china")
        .set_global_opts(
            title_opts=opts.TitleOpts(title="假期全国出行分布",pos_left=
"center", pos_top="5%",pos_bottom="5%"),
            tooltip_opts=opts.TooltipOpts(
                trigger="item", formatter="{b}<br/>{c}"
                ),
            visualmap_opts=opts.VisualMapOpts(max_=100000,is_calculable=True,
                range_color=["lightskyblue", "yellow", "orangered"]
                ),
        )
    )
    return c
if __name__ =='__main__':
    mapShow().render("全国国民出游分析.html")
```

代码第 11 行的[list(z) for z in zip(res["城市"], res["销量"])]将数据转变为[(地名1，数据)，(地名 2，数据)，…]格式，add("各城市销量", [list(z) for z in zip(res["城市"], res["销量"])], "china")表示在中国地图上绘制数据，数据系列标签为"各城市销量"。

代码第 14 行的 tooltip_opts＝opts.TooltipOpts(trigger＝"item", formatter＝"{b}
{c}")用于进行提示框配置。trigger＝"item"表示在鼠标移动到数据项时触发显示提示框。formatter＝"{b}
{c}"用于设置提示框内文本的显示格式。{b}
{c}表示第一行显示数据名，第二行显示数据值。其格式字符串模板变量含义如下。

• {a}：系列名。

- {b}：数据名。
- {c}：数据值。
- {@xxx}：数据中名为 'xxx' 的维度的值，如 {@product} 表示名为 product 的维度的值。
- {@[n]}：数据中维度 n 的值，如{@[3]}表示维度 3 的值，从 0 开始计数。

（4）绘制门票价格区间的散点图。（scenicScatter.py）

思路：先将门票价格按区间进行划分，然后统计各价格区间的景点个数，根据统计信息绘制散点图。

利用 pandas.cut(x，bins，labels，…)进行区间划分。

- x：要被分组的数值数组或序列。
- bins：指定分组的方式。可以是以下三种类型之一：

  一个整数，表示要将数据分成多少个等宽的区间。

  一个序列，包含区间的边界值，这些边界值将作为分组的边界。

  一个字符串，表示分组的规则，如'q'表示四分位数，'r'表示范围。
- labels：可选参数，用于指定每个区间的标签。如果未提供，则使用默认标签，如"(a，b]"。

```
bins=[0,51,101,151,201,301,501,30000]
labels=["0-50","51-100","101-150","151-200","201-300","301-500","500 以上"]
data["价格区间"]=pd.cut(data["价格"],bins=bins,labels=labels)
```

把价格区间划分为[0,51),[51,101),[101,151),[151,201),[201,301),[301,501),[501,30000)，对应的标签依次为"0－50""51－100""101－150""51－200""201－300""301－500""500 以上"。

参考代码如下：

```
import pandas as pd
from pyecharts import options as opts
from pyecharts.charts import Scatter
from pyecharts.globals import ThemeType
data=pd.read_excel("data/newData.xlsx",index_col=0)
#区间是左闭右开的
bins=[0,51,101,151,201,301,501,30000]
labels=["0-50","51-100","101-150","151-200","201-300","301-500","500 以上"]
data["价格区间"]=pd.cut(data["价格"],bins=bins,labels=labels)
#统计各价格区间的景点个数
res=data.groupby("价格区间")["价格区间"].count()
price_class=res.index.tolist()
price_count=res.values.tolist()
def scatterShow():
    c = (
        Scatter(init_opts=opts.InitOpts(theme=ThemeType.DARK,width="640px"))
        .add_xaxis(price_class)
        .add_yaxis("数量", price_count)
        .set_global_opts(
            title_opts=opts.TitleOpts(title="价格区间散点图"),
        )
    )
    return c
if __name__=='__main__':
    scatterShow().render("散点图.html")
```

（5）制作景点介绍的词云图。（scenicWordcloud.py）

使用 pyecharts 制作词云时，需要的数据格式化为形如[（"词 1"，词频），（"词 2"，词频），…]的列表。所以词云数据的处理过程如下：

读取景点简介信息，拼成待处理的字符串→利用 jieba 进行分词→去掉停用词→统计词频，将词及词频处理成需要的格式→生成词云。

参考代码如下：

```python
import pandas as pd
import jieba
import re
from collections import Counter
from pyecharts import options as opts
from pyecharts.charts import WordCloud
from pyecharts.globals import SymbolType,ThemeType
#将简介列中的数据提取并拼合成一个字符串
data=pd.read_excel("data/newData.xlsx",index_col=0)
text=""
for i in data["简介"]:
#如果 i 非空
    if i is not None or i!="":
        text=text+str(i)
#中文常用停用词
with open("data/cn_stopwords.txt",encoding="utf-8") as f:
    stopwords=f.read()
#使用 jieba 进行分词
words =jieba.cut(text)
#去除停用词
filtered_words =[word for word in words if word not in stopwords and len(word) >1]
filtered_words=[word for word in filtered_words if not re.match(r'\d+', word)]
#统计词频
word_counts =Counter(filtered_words)
#将 Counter 类转换为列表
words =list(word_counts.items())
def wordcloudShow():
    c =(
        WordCloud(init_opts = opts. InitOpts (theme = ThemeType. DARK, width =
"640px"))
        .add("", words, word_size_range=[20, 100],shape=SymbolType.DIAMOND)
        .set_global_opts(title_opts=opts.TitleOpts(title="景点简介词云图"))
    )
if __name__ =='__main__':
    wordcloudShow().render("词云图.html")
```

（6）创建 Page 对象，将各子图加载到 Page 对象。（composite.py）

```python
from pyecharts.charts import Page
import scenicMap,scenicScatter,scenicWordcloud,scenicBarh,scenicBar
def page_draggable_layout():
    page =Page(layout=Page.DraggablePageLayout)
    page.add(
        scenicScatter.scatterShow(),
        scenicBarh.barhShow(),
        scenicWordcloud.wordcloudShow(),
```

```
        scenicMap.mapShow(),
        scenicBar.barShow(),
    )
    page.render("page_draggable_layout.html")
if __name__ =="__main__":
    page_draggable_layout()
```

代码第 2 行用于导入生成各子图的模块，page.add()将各子图加载到 Page 对象上。

（7）在浏览器中浏览 page_draggable_layout.html 页面，调整页面布局，并保存配置文件。

（8）新建 Python 文件，最终生成大屏可视化效果。（finalEffect.py）

page.save_resize_html()用于拖曳布局后重新渲染图表。其语法格式如下：

```
page.save_resize_html(source,cfg_file,dest…)
```

- source：源文件，即 Page 对象第一次渲染后的 HTML 文件。
- cfg_file：调整布局后，保存的布局配置文件。
- dest：重新生成的 HTML 文件的存放路径。

参考代码如下：

```
from pyecharts.charts import Page
page=Page(layout=Page.DraggablePageLayout,page_title='全国出游信息')
page.save_resize_html("page_draggable_layout.html",cfg_file="chart_config.
json",dest="全国出游信息大屏可视化.html")
```

利用第 7 步生成的配置文件重新生成最终的可视化大屏文件"全国出游信息大屏可视化.
html"。

‖思考与练习

1. 利用 cuc.xlsx 文件中的数据绘制如下公众号阅读情况的折线图。

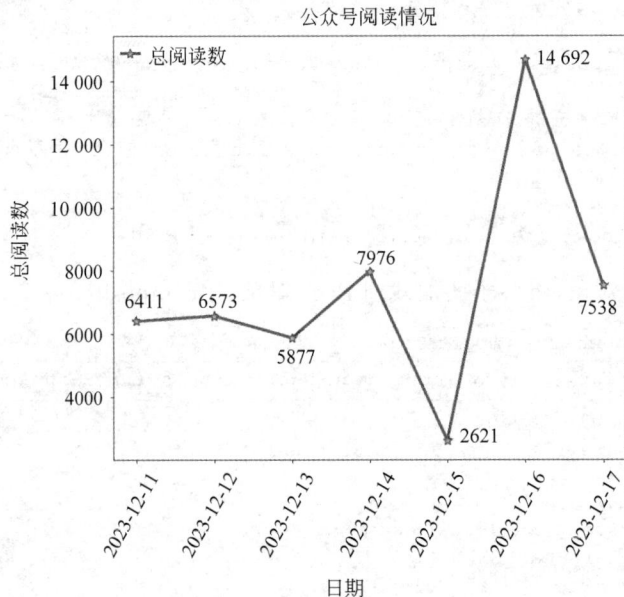

2. 利用 AIGC.xlsx 文件中的数据绘制如下各领域获投占比的饼图。

各领域AIGC获投占比

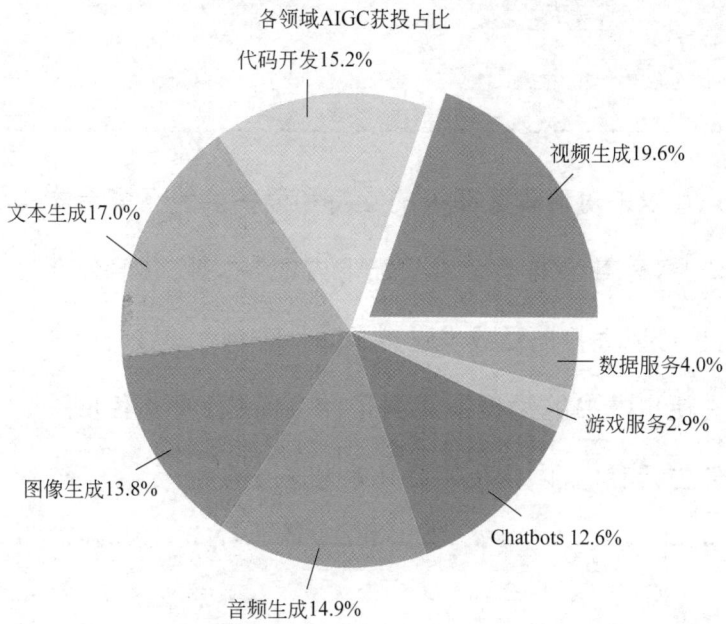

代码开发15.2%

视频生成19.6%

文本生成17.0%

数据服务4.0%

游戏服务2.9%

图像生成13.8%

Chatbots 12.6%

音频生成14.9%

3. 利用 income 文件中的收入数据从多个角度分析各城市的收入情况,生成可视化大屏,大屏内容及图表可以自行创作。

图 书 资 源 支 持

感谢您一直以来对清华版图书的支持和爱护。为了配合本书的使用，本书提供配套的资源，有需求的读者请扫描下方的"书圈"微信公众号二维码，在图书专区下载，也可以拨打电话或发送电子邮件咨询。

如果您在使用本书的过程中遇到了什么问题，或者有相关图书出版计划，也请您发邮件告诉我们，以便我们更好地为您服务。

我们的联系方式：

清华大学出版社计算机与信息分社网站：https://www.shuimushuhui.com/

地　　址：北京市海淀区双清路学研大厦 A 座 714

邮　　编：100084

电　　话：010-83470236　　010-83470237

客服邮箱：2301891038@qq.com

QQ：2301891038（请写明您的单位和姓名）

资源下载：关注公众号"书圈"下载配套资源。

资源下载、样书申请	图书案例	
书圈	清华计算机学堂	观看课程直播